MCP 极简开发

轻松打造高效 智能体

主编 王双 秋叶　　副主编 肖健 王昊怡 牟晨

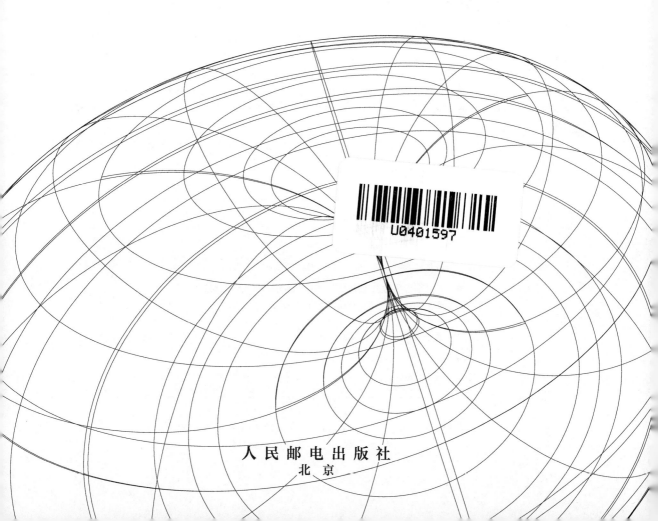

人民邮电出版社
北京

图书在版编目（CIP）数据

MCP极简开发：轻松打造高效智能体 / 王双，秋叶主编. -- 北京：人民邮电出版社，2025. -- ISBN 978-7-115-67488-3

Ⅰ．TP18

中国国家版本馆CIP数据核字第2025ZU8324号

内 容 提 要

本书致力于帮助读者系统、全面地掌握MCP的核心原理与实战应用技巧。全书共11章，分为四篇。第一篇（第1～3章）先通过案例对比展示MCP的强大功能，随后介绍MCP的发展历程，最后深入剖析MCP的核心优势及其应用、核心原理和安全问题；第二篇（第4章和第5章）对目前主流的MCP开发平台和资源进行全面梳理；第三篇（第6章和第7章）专注于MCP的开发实践，从开发环境搭建、MCP Server与MCP Client的构建，到调试工具的使用和高级开发技巧，完整介绍了MCP开发体系；第四篇（第8～11章），通过演示IDE应用、生活服务、个人效率和办公协作等多个领域的大量实战案例，展示MCP在实际应用中的强大潜力。

本书力求深入浅出，通过丰富的实际案例、详尽的代码示例及步骤解析，助力读者快速掌握MCP的核心要义，进而能将其有效应用于实践。为满足不同层次读者的需求，本书精心设计了涵盖多种难度的案例，从基础的天气查询到高级的数据分析，力图实现"学以致用"，切实提升读者解决实际场景问题的能力。

本书适合作为AI开发者、软件工程师、产品经理以及对AI应用开发感兴趣的读者的学习指南，也可作为高校和培训机构相关课程的教材。

◆ 主　　编　王　双　秋　叶
　　副 主 编　肖　健　王昊怡　牟　晨
　　责任编辑　吴晋瑜
　　责任印制　王　郁　胡　南

◆ 人民邮电出版社出版发行　　北京市丰台区成寿寺路11号
　　邮编　100164　电子邮件　315@ptpress.com.cn
　　网址　https://www.ptpress.com.cn
　　固安县铭成印刷有限公司印刷

◆ 开本：800×1000　1/16
　　印张：14.75　　　　　　　　　　2025年6月第1版
　　字数：347千字　　　　　　　　　2025年7月河北第3次印刷

定价：79.80元

读者服务热线：(010)81055410　印装质量热线：(010)81055316
反盗版热线：(010)81055315

前言

2024年年底，美国人工智能初创公司Anthropic推出模型上下文协议（Model Context Protocol，MCP）。MCP是一种开放协议标准，与互联网中的HTTP、终端的Type-C接口协议类似，是为规范大型语言模型与外部数据源及工具之间的交互方式量身打造的。

2025年3月，MCP迅速走红，重新定义了AI应用的开发方式，谷歌、百度、腾讯、阿里巴巴等科技巨头紧跟技术发展趋势，纷纷推出MCP应用集成平台。

当前，MCP技术在AI应用及智能体（Agent）的高效开发过程中扮演着不可或缺的角色，同时也是众多AI应用开发者亟待掌握的关键技能。然而，市面上与MCP相关的学习资料严重匮乏。本书作者团队在AI应用及智能体开发方面多有涉猎，希望能将积累的经验与更多的读者分享，于是编写了此书。

▍读者对象

本书适合以下读者阅读。
- AI应用开发者和软件工程师
- 产品经理和技术主管
- 对AI应用开发感兴趣的技术爱好者
- 希望在工作中应用MCP提升效率的职场人士
- 高校理工科专业的师生

▶ 本书特色

- **循序渐进**：从基础概念到实战应用，通过案例对比直观展示 MCP 的优势，让读者快速了解 MCP 的价值。
- **原理清晰**：详细剖析 MCP 的核心架构、通信机制和工作原理，并配合大量图示，使复杂概念变得简单易懂。
- **实践导向**：提供完整的开发环境搭建指南，手把手教你构建 MCP Server 和 MCP Client。
- **案例丰富**：涵盖 IDE 集成、生活服务、个人效率和办公协作等多个应用场景中的实战案例，具有极强的实用性。
- **资源完备**：整合优质的 MCP 相关资源，提供案例代码与讲解视频，助力读者持续学习。
- **服务支持**：通过 QQ 学习群（826753316）、微信公众号（可学 AI）等多个渠道提供服务支持，确保学习过程畅通无阻。

▶ 本书内容

第 1 章通过案例对比直观展示 MCP Server 在解决实际问题中的强大能力，并追溯 MCP 的发展历程，展望其作为 AI 应用标准接口的未来。同时，详细阐述了 MCP 的核心优势、与其他集成方法的对比，及其各种典型应用场景。

第 2 章深入剖析 MCP 的基本功能、核心架构（包括上下文协议、MCP Host、MCP Client 和 MCP Server 组件），并详细讲解 MCP 的通信机制与协议，如底层通信方式（STDIO、SSE 等）、消息格式、关键命令/事件与会话管理，最后通过交互流程与工作原理揭示 MCP 的运作方式。

第 3 章探讨 MCP 存在的安全问题，包括漏洞、常见的攻击方法和威胁建模，并提出了相应的安全问题解决方案。

第 4 章全面介绍支持 MCP 的主流平台，涵盖了 AI 编程平台（Cursor、Trae 等）、智能体开发平台（扣子空间、阿里云百炼等），以及其他相关的客户端（Claude Desktop、5ire 等）。

第 5 章对 MCP Server 资源进行整理，详细介绍国内 MCP Server 整合平台（阿里云百炼 MCP 广场、百度搜索开放平台等）和国外 MCP Server 整合平台（Awesome MCP Servers、Smithery 平台等），以及相关的社区与支持平台（GitHub 社区、魔搭社区、Discord 社区）。

第 6 章指导读者如何从零开始搭建 MCP 开发环境，包括安装和使用 uv 工具，并详细介绍如何构建 MCP Server 和 MCP Client，以及如何实现 MCP Client 与 MCP Server 之间的通信。

第 7 章介绍 MCP Server 的调试工具 Inspector 及其使用方法，并深入探讨 MCP Server 的高级开发，包括基于 SSE 的 MCP Server 开发和 MCP Server 的上线发布。此外，本章还介绍 MCP 共享记忆——OpenMemory 的项目和部署方式。

第 8 章深入探讨 MCP Server 在 IDE 中的应用，以 Cline 和 Trae 为例，展示如何集成 GitHub、Figma、ArXiv 等 MCP 工具，实现代码自动生成、原型设计、论文查找、网络信息抓取和本地文件管理，以最大程度地提升开发效率。

第 9 章介绍如何构建基于 MCP Server 的生活类智能体应用。通过构建旅行规划、约会地点选择、每日天气推送、附近餐厅推荐、航班查询等智能体，展示 MCP Server 在提升生活便利性方面的巨大潜力。

第 10 章介绍如何构建基于 MCP Server 的个人效率类智能体应用。通过构建自动上传笔记、智能记账、每日资讯获取等智能体，展示 MCP Server 在提升个人效率方面的巨大潜力。

第 11 章介绍如何构建基于 MCP Server 的办公效率类智能体应用。通过构建网页生成部署、数据图表生成、结构化思考、自动配图等智能体，展示 MCP Server 在实际办公场景中的应用潜力。

▌ 配套资料获取

本书赠送以下超值配套资料。
- 视频课程
- 教学 PPT
- 完整源代码

上述配套资料有两种获取方式：一是关注微信公众号"方大卓越"，回复数字"33"自动获取下载链接；二是在异步社区官方网站搜索本书，然后在本书页面下载。另外，读者也可以在B站上查找UP主账号"可学AI"，在线观看本书配套教学视频。

▼ 意见反馈

截至本书完稿时，MCP仍处于快速发展阶段，因此本书内容难以全面覆盖其最新发展。同时，因笔者水平有限，虽几易其稿，但书中仍可能存在若干疏漏或不足之处，敬请广大读者批评指正。

读者可通过以下方式与我们联系，获取最新信息。

- QQ书友群：关注微信公众号"方大卓越"，回复数字"33"自动获取群号。
- 电子邮箱：bookservice2008@163.com。
- 微信公众号：关注"可学AI"，了解MCP的进展与相关信息。

▼ 致谢

在撰写本书的过程中，笔者参考了GitHub、Hugging Face、B站、微信公众号、飞书等国内外各大平台提供的MCP相关应用、资讯和案例，在此对所有提供者表示衷心的感谢！

特别感谢钟振威、王周、王佑琳等在本书写作过程的陪伴、讨论、帮助与建议。

感谢人民邮电出版社参与本书出版的所有人员！是你们一丝不苟的精神，才使得本书得以高质量出版。

感谢妻子琼和女儿朵朵在漫长且艰难的写书过程中给予笔者的无私支持，谢谢你们！

王双

2025年5月

目录

第一篇 什么是 MCP

第 1 章 快速了解 MCP   3
1.1 一个案例，展现 MCP 的强大   3
    1.1.1 不用 MCP——差强人意   3
    1.1.2 用 MCP——效果惊艳   5
1.2 MCP 的历史、当下与未来   7
    1.2.1 MCP 的发展历史   7
    1.2.2 MCP 的现状——2025 年的 AI 网红词汇   10
    1.2.3 MCP 的未来——统一 AI 应用标准接口   12
1.3 MCP 的优势及其应用   16
    1.3.1 MCP 的核心优势   16
    1.3.2 MCP 与其他集成方法的对比   18
    1.3.3 MCP 的典型应用场景   19

第 2 章 MCP 核心原理   21
2.1 MCP 的基本功能   21
2.2 MCP 的核心架构   24
    2.2.1 MCP 上下文协议   25
    2.2.2 MCP 核心组件：MCP Host 与 MCP Client   25
    2.2.3 MCP 核心组件：MCP Server   28
2.3 MCP 通信机制与协议   32
    2.3.1 底层通信方式   32
    2.3.2 消息格式、关键命令/事件与会话管理   33

2.3.3　MCP 交互流程与工作原理　　34

第 3 章　MCP 的安全问题　　35
3.1　MCP 存在安全问题　　35
　　3.1.1　MCP 漏洞　　35
　　3.1.2　MCP 的常见攻击方法　　37
　　3.1.3　MCP 威胁建模　　41
3.2　MCP 安全问题的解决方案　　43

第二篇　支持 MCP 的相关平台与工具

第 4 章　支持 MCP 的主流平台　　47
4.1　AI 编程平台　　47
　　4.1.1　Cursor——强大的智能编辑器　　47
　　4.1.2　Trae——高效的编程利器　　48
　　4.1.3　Claude Code——智能的 AI 伙伴　　49
　　4.1.4　Cline——轻巧的开发助手　　49
　　4.1.5　Continue——全方位的助手　　51
4.2　支持 MCP 的智能体开发平台　　52
　　4.2.1　扣子空间　　52
　　4.2.2　阿里云百炼　　54
　　4.2.3　百度智能云千帆 AppBuilder　　57
　　4.2.4　百宝箱　　60
　　4.2.5　纳米 AI　　63
　　4.2.6　n8n——开源神器　　63
　　4.2.7　Dify——本地私密　　65
4.3　其他特色平台　　66
　　4.3.1　Claude Desktop　　66
　　4.3.2　5ire——AI 助手　　67
　　4.3.3　Cherry Studio——AI 百宝箱　　68

第 5 章　MCP Server 资源整理　　69
5.1　MCP Server 国内整合平台　　69
　　5.1.1　阿里云百炼 MCP 广场　　70

5.1.2　百度搜索开放平台　　　　　　　　　　　70
　　　5.1.3　魔搭（ModelScope）平台　　　　　　　71
　　　5.1.4　百宝箱　　　　　　　　　　　　　　　72
　　　5.1.5　腾讯云开发者 MCP 广场　　　　　　　73
　5.2　MCP Server 国外整合平台　　　　　　　　　　73
　　　5.2.1　Awesome MCP Server　　　　　　　　74
　　　5.2.2　Smithery　　　　　　　　　　　　　　75
　　　5.2.3　MCP.so　　　　　　　　　　　　　　 76
　　　5.2.4　MCP Run　　　　　　　　　　　　　　77
　　　5.2.5　Model Context Protocol　　　　　　　78
　　　5.2.6　MCP Hub　　　　　　　　　　　　　　79
　5.3　社区　　　　　　　　　　　　　　　　　　　80
　　　5.3.1　GitHub 社区　　　　　　　　　　　　 80
　　　5.3.2　魔搭社区　　　　　　　　　　　　　　81
　　　5.3.3　Discord 社区　　　　　　　　　　　　 81

第三篇　MCP 开发

第 6 章　动手写一个 MCP　　　　　　　　　　85
　6.1　搭建 MCP 开发环境　　　　　　　　　　　　85
　　　6.1.1　安装 uv　　　　　　　　　　　　　　 85
　　　6.1.2　uv 的基本命令　　　　　　　　　　　 86
　6.2　构建一个 MCP Server　　　　　　　　　　　 87
　　　6.2.1　项目初始化　　　　　　　　　　　　　87
　　　6.2.2　环境配置　　　　　　　　　　　　　　87
　　　6.2.3　构建 MCP Server　　　　　　　　　　 88
　　　6.2.4　在 Trae 中配置 MCP Server　　　　　　91
　6.3　构建 MCP Client　　　　　　　　　　　　　　92
　　　6.3.1　环境配置　　　　　　　　　　　　　　92
　　　6.3.2　模型配置　　　　　　　　　　　　　　93
　　　6.3.3　构建 MCP Client　　　　　　　　　　 94
　　　6.3.4　MCP Client 与 MCP Server 的通信　　　98

第 7 章　MCP 开发进阶　　99

7.1　MCP Server 调试工具　　99
- 7.1.1　何为 Inspector　　99
- 7.1.2　快速上手 Inspector　　100
- 7.1.3　Inspector 的功能概述　　100
- 7.1.4　调试　　103

7.2　MCP Server 的高级开发　　104
- 7.2.1　基于 SSE 的 MCP Server 开发　　104
- 7.2.2　MCP Server 的上线发布　　106

7.3　MCP 共享记忆——基于 OpenMemory　　108
- 7.3.1　项目介绍　　108
- 7.3.2　部署设置　　109

第四篇　基于 MCP Server 的应用实战

第 8 章　基于 MCP Server 的 IDE 应用实战　　115

8.1　在 Cline 上应用 MCP Server 的案例　　115
- 8.1.1　基于 GitHub MCP 的仓库查询管理　　115
- 8.1.2　基于 Figma MCP 的原型设计　　119

8.2　在 Trae 上应用 MCP Server 的案例　　125
- 8.2.1　基于 ArXiv MCP 的论文查找和下载　　125
- 8.2.2　基于 Firecrawl MCP 的网络信息抓取　　127
- 8.2.3　基于 Xmind MCP 的思维导图整理　　130
- 8.2.4　无影 AgentBay　　133
- 8.2.5　AI 私人导游定制　　137
- 8.2.6　本地文件管理　　142

第 9 章　基于 MCP Server 的生活类智能体应用　　145

9.1　旅行规划智能体　　145
- 9.1.1　Cursor + 高德 MCP Server 工作流程拆解　　146
- 9.1.2　使用智能体实现旅行规划　　152
- 9.1.3　测试结果展示　　156

9.2　约会助手智能体　　156

9.2.1 智能体搭建 157
9.2.2 测试结果展示 159
9.3 每日天气推送智能体 161
9.3.1 智能体搭建 161
9.3.2 测试结果展示 164
9.4 附近餐厅推荐智能体 164
9.4.1 智能体搭建 165
9.4.2 测试结果展示 167
9.5 航班查询智能体 168
9.5.1 获取 Variflight MCP API 168
9.5.2 智能体搭建 170
9.5.3 测试效果展示 170
9.6 广发证券龙虎榜智能体 171
9.6.1 智能体搭建 171
9.6.2 测试效果展示 172
9.7 充电桩查询智能体搭建 173
9.7.1 智能体搭建 173
9.7.2 测试效果展示 174

第 10 章 基于 MCP Server 的个人效率类智能体应用 175
10.1 自动上传笔记智能体 175
10.1.1 思路解析 176
10.1.2 获取 Flomo API 177
10.1.3 搭建工作流 179
10.1.4 测试效果展示 184
10.2 智能记账智能体 186
10.2.1 获取 AI 小记 API 187
10.2.2 智能体搭建 188
10.2.3 测试效果展示 191
10.3 每日资讯获取智能体 193
10.3.1 项目介绍 193
10.3.2 部署介绍 194
10.3.3 测试结果展示 194

第 11 章　基于 MCP Server 的办公效率类智能体应用　　197

11.1　网页生成部署智能体　　197
11.1.1　网页生成部署智能体搭建　　198
11.1.2　网页生成部署智能体测试　　200

11.2　数据图表生成智能体　　201
11.2.1　数据表格生成智能体搭建　　202
11.2.2　数据表格生成智能体测试　　204
11.2.3　销售数据分析场景下的应用　　205
11.2.4　财务报表可视化场景下的应用　　208
11.2.5　教育数据分析场景下的应用　　210

11.3　结构化思考智能体　　212
11.3.1　结构化思考智能体搭建　　212
11.3.2　结构化思考智能体测试　　214
11.3.3　市场分析场景下的应用　　215
11.3.4　会议优化场景下的应用　　216
11.3.5　决策制订场景下的应用　　217

11.4　自动配图智能体　　219
11.4.1　开通 Wanx 文生图 MCP 服务　　219
11.4.2　自动配图智能体搭建　　220
11.4.3　自动配图智能体测试　　222
11.4.4　文化活动宣传场景下的应用　　223
11.4.5　娱乐活动预告场景下的应用　　224

第一篇　什么是 MCP

大语言模型主要通过系统工程与协议标准化的结合来实现功能的扩展。在早期，开发者主要依靠提示词工程（Prompt Engineering）来优化交互体验，但如今更多的是通过 API 集成（例如代码解释器、搜索引擎）以及工具调用框架（如 ToolACE）来增强模型的性能。随着技术的进步（例如 OpenAI 的函数调用），大语言模型开始支持原生函数调用，然而由于接口的碎片化，它们在规模化应用方面仍面临挑战。

2024 年 11 月，美国的人工智能初创公司 Anthropic 推出了模型上下文协议（Model Context Protocol，MCP），该协议通过统一的交互标准解决了接口碎片化问题，使得大型语言模型能够像 USB 设备一样接入外部工具。随着 OpenAI、谷歌、阿里巴巴等科技巨头公司的支持，MCP 逐渐成为 AI Agent 时代的开放协议，促进了工具生态的繁荣和跨服务的协作，这标志着大型模型功能的扩展迈入了标准化的新阶段。

本篇将从一个案例开始，带领读者体验 MCP 服务器（MCP Server）的便捷性和实用性。待大家对 MCP 有了初步了解之后，再全面、细致地介绍 MCP 的基本功能、核心架构、通信机制与协议、安全等内容。

第 1 章
快速了解 MCP

在日常生活中，要出门旅行，一个好的旅行规划可以让整个旅途变得高效、轻松，但设计一份翔实的旅行规划需要耗费不少时间。得益于大语言模型技术的发展，目前已有很多 AI 工具可以辅助设计旅行规划，但是囿于模型幻觉等问题，由此设计出的旅行规划"实用性"往往不尽如人意。

MCP 的出现在一定程度上改善了这一局面，它有效提高了大语言模型对接外部工具的效率，使大语言模型的回复内容更加真实、有效。

本章将介绍使用 AI 编程工具 Trae 辅助完成案例，帮助大家对 MCP 建立初步印象。

1.1 一个案例，展现 MCP 的强大

本节将展示一个案例，让读者直观感受 MCP 的强大功能。当前，很多人喜欢用大语言模型制订旅行规划。针对此场景，我们将先介绍不用 MCP 的条件下用户可能遇到的问题，然后展示如何通过引入 MCP 来有效解决上述问题，进而让读者真切感受到 MCP 在提升旅行规划效率和优化用户体验方面的显著优势。

▶ 1.1.1 不用 MCP——差强人意

春暖花开，万物复苏，旅游需求迎来了显著的增长。为了让自己的旅行体验变得更好，

大多数游客会提前制订详尽的旅行攻略。但是，传统的旅行规划方式存在明显的不足：面对互联网上泛滥且质量参差不齐的旅行攻略，用户不得不花费大量时间进行信息筛选、路线规划和预订管理，这种烦琐的准备过程往往会削弱对出行的期待。

大语言模型（Large Language Model，LLM）的出现为旅行规划带来了革新性解决方案。然而，当前阶段的应用场景仍显局限——在多数用户的认知中，LLM 更多地被视作高级的信息检索工具或知识问答系统。这种认知局限导致其在深度旅行规划方面的潜力尚未被充分挖掘，特别是在个性化推荐、动态行程优化以及多维度约束条件平衡等方面的能力仍有待开发。

假设我们要去安徽爬黄山，想避开"五一"假期出行，那么可以对大语言模型这么说：

"我想去安徽爬黄山，你帮我做一个旅行规划。要求：避开'五一'旅游高峰期。完整的旅游行程规划，包含吃、住、行费用，景点票价等。我现在人在武汉，一个人出行。回答前请仔细思考，给出的旅游行程规划可以以一个扁平化风格的 HTML 页面展示，在页面中你可以加入 SVG 图丰富细节，使用 CSS、JavaScript 优化页面布局，适当地加入一些交互效果。预算 1000 元左右，旅行时间为三天。重点：一定要详细，精确到具体时间。"

我们先来看看没使用 MCP Server 的大语言模型给出的旅行规划是怎么样的，如图 1-1 所示。

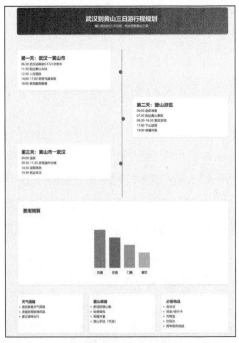

图 1-1 大语言模型给出的旅行规划（无 MCP）

在对旅行规划进行初步评估时，乍一看，其输出结果似乎具备一定的吸引力和可行性。

随着进一步分析，问题逐渐浮出水面。最为突出的是预算问题：尽管大语言模型未在图 1-1 所示界面标注费用明细，但根据其在文档中提供的详细费用清单（见图 1-2），我们发现该规划的预算超出了预期。

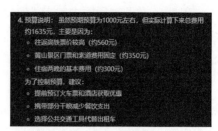

图 1-2　预算说明

此外，大语言模型提供的车次信息也存在明显偏差。经过在 12306 官方网站的查询，我们未能找到模型所推荐的对应车次。综合考虑预算超支、车次信息不准确以及其他相关要素，这份旅行规划的最终评价并不高。

下面我们看看使用同一个大语言模型，MCP 的加入会让旅行规划发生什么改变。

1.1.2　用 MCP——效果惊艳

接下来，本节将使用 Trae，在其中配置好高德 MCP Server（配置过程见 4.1.3 节，这里不赘述）。配置完成后，在"设置"界面中切换到"MCP"选项卡，可以看到许多 MCP Server 已显示可使用（见图 1-3）。

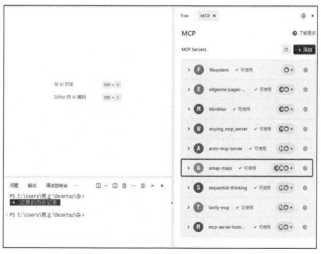

图 1-3　Trae + 高德 MCP Server

在 Trae 模型对话框中单击"@Agent"图标，从弹出的窗口中选择 Builder with MCP 模式，将上文用到的提示词再次输入对话框。在这种模式下，用户可以自主选择使用哪个 MCP Server 完成任务，并查看它的效果。

如图 1-4 所示，大语言模型为游客制订了 4 月 25 日—4 月 27 日的黄山旅游三日规划，并附有详细的天气预报、路线规划，以及当日支出等。经查证，大部分信息均准确，但没有查到第一天早上 6:30 的高铁信息。这一规划的总体效果基本可以满足我们的需求，比没有接入高德 MCP Server 的行程规划已有较大改进。

图 1-4　大语言模型做的旅行规划（有 MCP）

在提示词相同的情况下，同一个大语言模型输出的内容之所以这么大差别，正是因为后来接入了 MCP Server。

通过制订旅游行程这个案例，我们看到了 MCP Server 的强大和便捷。那么，神通广大的 MCP 到底是什么呢？

1.2 MCP 的历史、当下与未来

MCP 的崛起并非一朝一夕之间，而是一段长期积累后的爆发。自 2024 年 11 月发布以来，经过数月的沉淀与迭代，MCP 终于在 2025 年迎来了爆发式增长，成为年度科技领域最受瞩目的焦点词汇之一。

接下来，我们将追溯 MCP 的发展脉络，剖析其当前的发展态势，并展望其未来的广阔前景，力求为读者呈现一幅关于 MCP 的全景图。

▌1.2.1　MCP 的发展历史

如前所述，MCP 是由美国人工智能初创公司 Anthropic 主导开发的。该公司此前因推出 Claude 系列大语言模型而声名鹊起，MCP 的推出旨在解决大语言模型与第三方系统集成日益增长的复杂性问题。

MCP 于 2024 年 11 月由 Anthropic 正式宣布开源，如图 1-5 所示。MCP 的设计受到了语言服务器协议（Language Server Protocol，LSP）的启发，并借鉴了其部分理念，例如采用了 JSON-RPC 2.0 作为通信基础。这种借鉴使得 MCP 能够在成熟技术的基础上进行构建，而非从零开始。

MCP 自发布以来，迅速吸引了业界的高度关注并得到广泛采用。早期的采用者包括 Block（前身为 Square）、Apollo、Sourcegraph 等知名公司，它们利用 MCP 使得其内部的 AI 系统能够访问专有的知识库和开发者工具。MCP 的生态系统同样展现出迅猛的增长势头。据相关报道，截至本书完稿之时，MCP Server 已多达 7000 余个，如图 1-6 所示。

图 1-5　Anthropic 推出的模型上下文协议（MCP）

图 1-6　百度搜索开放平台（MCP 广场）

更值得一提的是，MCP 获得了主流人工智能提供商的官方认可。2025 年 3 月 26 日，OpenAI 宣布将在其 Agents SDK 以及 ChatGPT 桌面应用中集成对 MCP 的支持。

OpenAI 首席执行官 Sam Altman 表示"人们喜爱 MCP，我们很高兴能在我们的产品中增加对其的支持"，如图 1-7 所示。

图 1-7　OpenAI 宣布旗下应用支持 MCP

紧随其后，谷歌旗下的 DeepMind 子公司的首席执行官 Demis Hassabis 在 2025 年 4 月初确认，即将在其 Gemini 模型及相关基础设施中支持 MCP，并称该协议为"一个迅速崛起的人工智能代理开放标准"，如图 1-8 所示。

图 1-8　谷歌宣布将在 Gemini 中支持 MCP

与此同时，国内的阿里巴巴、百度等科技巨头也相继推出了自己的 MCP 服务平台，例如百度搜索开放平台中的 MCP 广场等。这些平台的详细信息参见第 5 章。

截至 2025 年 5 月，MCP 生态系统呈现蓬勃发展趋势，众多 MCP 聚合平台如雨后春笋般接连问世。特别引人注目的是，一系列由社区自发维护的 MCP Server 宛如桥梁一般，将 MCP 的潜力扩展至诸如 Slack、GitHub、PostgreSQL、Google Drive 和 Stripe 等众多受欢迎的互联网服务。

开发者社区对 MCP 的创新架构给予了高度评价。在 GitHub、Hacker News 等平台上，MCP 的"即插即用"特性以及其与底层模型解耦的设计理念，赢得了众多积极的反馈。这种设计理念无疑显著降低了开发者的使用门槛，并为构建灵活且可扩展的 AI 应用奠定了坚实的基础。

▼ 1.2.2 MCP 的现状——2025 年的 AI 网红词汇

"MCP"这一术语，在 2025 年的科技浪潮中迅速崛起，引起了业界的广泛关注。从最初的默默无闻，到现在各大科技巨头纷纷为其背书，互联网上对 MCP 的解读可谓众说纷纭，真假难辨。MCP 究竟是什么？让我们拨开层层迷雾，将目光投向权威的官方文档，一探究竟。

官方文档表明，MCP 是一种开放的应用层协议（Application Layer Protocol）。所谓"开放"，意味着 MCP 是公开的、非专有的，鼓励社区参与和推动，旨在实现广泛的采纳和互操作性，避免厂商锁定。

作为"应用层协议"，MCP 工作在 OSI 模型或 TCP/IP 模型的应用层，专注于定义应用程序之间通信的语义和规则，将底层网络的复杂细节进行了抽象处理。

MCP 致力于规范人工智能系统各组成部分之间上下文信息的交换方式以及交互行为。这里的"组成部分"的范围非常广泛，可以包括各种类型的 AI 模型（如大语言模型、计算机视觉模型、语音识别模型等）、传统的软件工具（如数据库接口、API 服务、计算器、日历查询工具等）、外部数据源（如知识库、实时传感器数据流等）乃至用户交互界面。

这里的"上下文信息"是核心，涉及执行人工智能任务所需的一切相关信息，部分相关信息如下所示。
- 用户偏好（User Preference）：如用户的语言设置、主题偏好、历史行为模式等。
- 会话历史（Session History）：如多轮与对话机器人的对话记录、用户之前的查询等。
- 领域知识（Domain Knowledge）：特定行业或任务的背景知识、规则库、本体等。
- 实时环境数据（Real-time Environmental Data）：如当前时间、地理位置、传感器读数、外部系统状态等。
- 当前任务状态（Current Task Status）：如任务目标、已完成步骤、待处理事项、中间结果等。
- 系统能力与约束（System Capability and Constraint）：如可用工具列表、模型的能力边界、资源限制等。

上下文信息可以是静态的（如固定的领域知识），也可以是高度动态的（如实时传感器数据）；可以是短期的（如一次会话中的临时数据），也可以是长期的（如用户画像）。

MCP 通过定义标准的"交换方式"（如统一的消息格式 JSON、明确的请求/响应模式、发布/订阅机制）和"交互行为"（如组件如何请求信息、提供更新、触发动作、报告事件），来确保这些多样化的上下文信息能够在不同组件间顺畅、准确地流动。

MCP 的宏伟愿景，在于通过对上下文表示和传递的标准化，彻底打破人工智能组件之间长期存在的信息壁垒，从而构建起更为完善、高效且和谐的智能协同生态。

所谓的"信息壁垒"或"信息孤岛"现象，源于不同人工智能组件，这些组件通常由不同的开发团队或供应商独立开发，各自采用独特的数据格式与通信协议，这仿佛在它们之间筑起了一道道高墙，阻碍了信息的自由流通和高效协作。

MCP 旨在提供一种通用的"语言"和统一的"交互规则"，就像为原本说着不同语言的人们提供了同声传译服务一样。借助这一机制，那些曾经孤立的组件将能够相互理解彼此的意图，顺畅地共享关键状态信息，并协调各自的行动。这种协同远非简单的信息传递所能比拟，它是一种基于共同理解的、能够自适应环境变化的、更为高效且智能的协作模式。图 1-9 展示了 MCP 架构示意图。

我们有充分的理由相信，这种深度协同将孕育出超越单个组件能力的"涌现智能"，为人工智能应用带来全新的可能性。

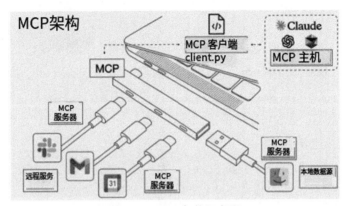

图 1-9　MCP 架构示意图

1.2.3　MCP 的未来——统一 AI 应用标准接口

MCP 的核心目标之一是为 AI 应用提供一套标准化的接口，从而极大地简化 AI 能力的集成、管理和协同工作。这种标准化不仅降低了技术门槛，更促进了 AI 生态系统的开放性和创新性。

MCP 的 AI 应用标准接口主要体现在以下 3 个方面：统一工具调用标准、动态工具集成机制以及深层次的语义对齐策略。这 3 个方面共同构成了 MCP 赋能 AI 应用的核心价值，下面我们逐一介绍。

1. 统一工具调用标准

在复杂的 AI 应用中，往往需要调用多种不同来源、不同功能的 AI 工具或模型（在此统称为"工具"）。若每种工具都采用其独有的 API 和数据格式，应用开发者将面临巨大的集成负担和维护成本。

MCP 通过建立统一工具调用标准（Unified Tool Invocation Standard）来解决这一痛点。主要建立了以下两个标准：标准化的工具能力描述（Standardized Tool Capability Description）、标准化的交互方法（Standardized Interaction Method）。

（1）标准化的工具描述：MCP 要求每个可供调用的工具即 MCP 客户端（MCP Client）能够以一种标准化的方式声明其能力。这通常涉及定义一种通用的元数据格式，用于详尽描述工具的各项属性。例如，可以借鉴 OpenAPI 规范（前身为 Swagger）或 JSON（JavaScript

Object Notation）Schema 的理念来定义工具属性，主要体现在以下方面。

- 唯一标识符（Unique Identifier）：如工具名称、版本号等，确保在 MCP 网络中可以准确引用。
- 功能描述（Functional Description）：对工具能够执行的任务进行清晰、准确的自然语言描述，以便于人们理解和选择 AI 模型。
- 输入参数规范（Input Parameter Specification）：详细定义工具执行所需的每一个输入参数，包括参数名、数据类型（如字符串、数字、布尔值、数组、对象等）、是否必需、默认值、取值范围或枚举值、格式约束（如正则表达式）等。MCP 还支持描述参数如何从当前的共享上下文中动态获取，例如通过指定上下文路径（如 $.user.preferences.language）或查询表达式。

（2）标准化的交互方法：MCP 定义了一组核心的协议方法（Method）和通知（Notification），用于实现 MCP 主机（MCP Host）与 MCP Client 之间调用工具的标准化交互流程。

- 工具发现（tool/discover）：MCP Host 可以通过此请求向已连接 MCP 的 MCP Client（或 MCP Server 作为工具代理）查询其所能提供的工具列表及详细的能力描述。响应中会包含遵循上述标准化格式的工具元数据。这使得 MCP Host 能够动态了解当前环境中可用的 AI 能力。
- 工具执行（tool/execute）：当 MCP Host 决定调用某个工具时，会发送此请求。请求参数中通常包含要执行的工具的唯一标识符以及一个结构化的对象或数组，其中包含按照工具能力描述中定义的输入参数规范所准备的实际参数值。如前所述，这些参数值可以直接提供，也可以引用当前 MCP 上下文中的数据。
- 工具执行结果/进度通知（Tool Execution Result/Progress Notification）：对于同步执行的工具，其结果会作为 tool/execute 请求的响应直接返回。对于耗时较长的异步工具，MCP Client 可能会先确认收到执行请求，然后在执行过程中或执行完成后，通过一个或多个标准化的通知（例如 tool/progressUpdate 或 tool/executionResult）将中间进度或最终结果异步推送给 MCP Host。这些通知也应遵循预定义的结构。通过这种标准化的工具描述和交互方法，应用开发者可以采用统一的编程模型来与各种不同的 AI 工具进行交互，从而极大地简化开发工作。AI 模型（尤其是 LLM）也更容易理解和生成符合 MCP 规范的工具调用请求。

2. 动态工具集成

在统一工具调用标准的基础上，MCP 进一步支持动态工具集成（Dynamic Tool Integration），赋予 AI 应用前所未有的灵活性和可扩展性。这意味着 AI 应用不再是静态的功能集合，而是可以根据需求变化、在运行时动态调整其能力的平台，主要体现在以下方面。

（1）运行时工具发现与加载：MCP Host 能通过 tool/discover 机制或高级服务发现协议（如 DNS-SD、mDNS、Consul、etcd 等），在运行时主动发现并按需连接网络中的 MCP Client，无须重启应用即可扩展功能。

（2）插件化架构的实现：动态集成支持将 AI 工具封装为独立的 MCP Client 插件，用户或管理员可按需部署、启用或停用，如智能客服平台动态加载特定知识库插件。

（3）按需服务与资源优化：对于不常用或资源消耗大的工具，MCP Host 可按需激活，然后在任务完成后释放连接或使其休眠，以优化资源利用。

（4）版本管理与依赖协商：MCP 可包含版本协商机制，允许 MCP Host 和 MCP Client 在初始化时交换协议和接口版本信息。MCP Client 声明能力时可明确依赖版本，MCP Host 据此选择兼容工具，高级实现甚至可集成依赖解析与冲突解决。

动态工具集成使 AI 应用能快速适应需求，集成新技术，构建更健壮、更有弹性的系统。

3. 语义对齐

尽管统一的语法接口（如标准化的工具调用）解决了"如何说"的问题，但更深层次的互操作性障碍在于"说什么"——确保通信各方对共享的上下文信息和工具参数具有一致的语义理解。

如果缺乏语义对齐（Semantic Alignment），即使工具能够被成功调用，其输入也可能被误解，输出结果也可能无法被正确使用，导致 AI 系统行为异常甚至产生严重错误。MCP 通过引入一系列机制来促进语义对齐，这是一个复杂且持续的挑战。

（1）上下文模式与数据字典（Context Schema and Data Dictionary）：MCP 大力倡导使用明确的模式（Schema）来定义共享上下文中各个数据项的结构、数据类型、约束条件以及其业务含义。这些模式可以基于通用的数据建模语言，如 JSON Schema，它允许详细描述 JSON 数据的结构和验证规则。例如，一个"用户信息上下文模式"可以定义 user_id 为字符串类型且符合特定格式，age 为整数且大于 0，registration_date 为符合 ISO 8601 标准的日期时间字符串。配套的数据字典则对模式中每个字段的业务含义、来源、更新频率、质量等级等进行详细的文字说明。例如，user_location 字段在数据字典中应明确指出其代表的是根据用户的实时 GPS 坐标、最后一次登录的 IP 地址推断出的城市，还是用户自行填写的家庭住址，或是其坐标、精度等元信息。

（2）共享词汇表与本体库（Shared Vocabulary and Ontology）：在特定业务领域或跨领域协作中，为了达到更深层次的语义互操作，可以引入共享词汇表与本体库。

- 共享词汇表：为特定概念提供的一组预定义的、受控的术语列表。例如，在电商领域，商品分类、订单状态等都可以使用共享词汇表来规范化。MCP 上下文中的相关字段值应取自共享词汇表。
- 本体库：更为形式化和丰富地描述一个领域内的概念、属性以及它们之间的关系（如 is-a、part-of、related-to 等）。本体通常使用如 RDF/RDFS、OWL 等标准语言进行定义。MCP 上下文中的数据项可以链接到本体库中相应的概念或实例上，从而赋予其明确的、计算机可处理的语义。例如，上下文中的一个产品 id 可以链接到一个本体，该本体描述了该产品的类别、品牌、功能属性等。这使得 AI 模型能够基于这些语义关系进行更复杂的推理。

（3）元数据描述与溯源（Metadata Description and Provenance）：MCP 鼓励在上下文中不仅包含数据本身，还应包含描述数据的元数据，主要如下。

- 数据来源（Source）：数据是由哪个组件或系统产生的。
- 时间戳（Timestamp）：数据生成或最后更新的时间。

（4）上下文协商与转换服务（Context Negotiation and Transformation Service）：在异构系统集成的复杂场景下，即使有上述机制，不同组件对上下文的理解和表示方式仍可能存在差异。MCP 支持上下文协商的机制，允许组件在交互开始时就其期望的上下文格式和语义进行沟通。此外，可以引入独立的"上下文转换服务"（Context Transformation Service）作为 MCP Client，负责在不同语义表示之间进行映射和转换。实现完全的语义对齐是一个涉及技术、标准、社区共识和持续治理的复杂工程。

MCP 通过提供上述机制，为构建语义上更加一致和智能的 AI 系统奠定了坚实的基础。这使得 AI 模型和工具能够更深层次地理解和利用上下文信息，从而做出更精准的判断和更智能的决策。

MCP 作为一种开放应用层协议的根本定义，旨在通过标准化上下文信息的交换来打破 AI 组件间的壁垒。

MCP 的核心功能包括上下文管理、工具调用、能力协商和会话管理，这些功能共同构成了 MCP 实现智能协同的基础。

回顾其发展历程，从最初的动机到标准化的努力，可以看出 MCP 是应对 AI 应用复杂性挑战的必然趋势。最关键的是，MCP 定义的 AI 应用标准接口，通过统一工具调用、支持动态集成以及促进语义对齐，为构建模块化、可扩展且真正互操作的 AI 系统提供了坚实的框架。

1.3 MCP 的优势及其应用

MCP 的价值，不仅在于其前瞻性的理论构想，更在于其切实可行的落地能力。通过提供一系列具体的开发工具、完善的技术支持以及在真实应用场景中的成功实践，MCP 迅速展现出其巨大的潜力和深远的影响力。

在接下来的内容中，我们将深入剖析 MCP 的核心优势所在，对比 MCP 与其他现有上下文管理方案的异同，并列举 MCP 在实际应用中的经典案例，以让读者更直观地理解其价值与意义。

▶ 1.3.1 MCP 的核心优势

MCP 的推广和普及在很大程度上得益于其完善的软件开发工具包（SDK）和不断壮大的开发者生态系统。Anthropic 官方提供了多种主流编程语言（包括 TypeScript、Python、Java、C#、Kotlin、Rust 和 Swift 等）的 SDK，如图 1-10 所示。这些 SDK 极大地降低了开发者在各自项目中集成 MCP 的门槛，使他们能够更便捷地构建 MCP Client 和 MCP Server。

值得一提的是，部分 SDK 的维护得到了业界的广泛支持，例如 C# SDK 是与微软合作维护的，而 Kotlin SDK 则是与 JetBrains 合作维护的。这种合作不仅提升了 SDK 的质量和可靠性，也间接增强了 MCP 的公信力和吸引力。

OpenAI 的 Agents SDK 也内置了对 MCP 的支持，提供了如 MCPServerStdio 和 MCPServerSse 这样的类，方便开发者连接不同类型的 MCP Server。

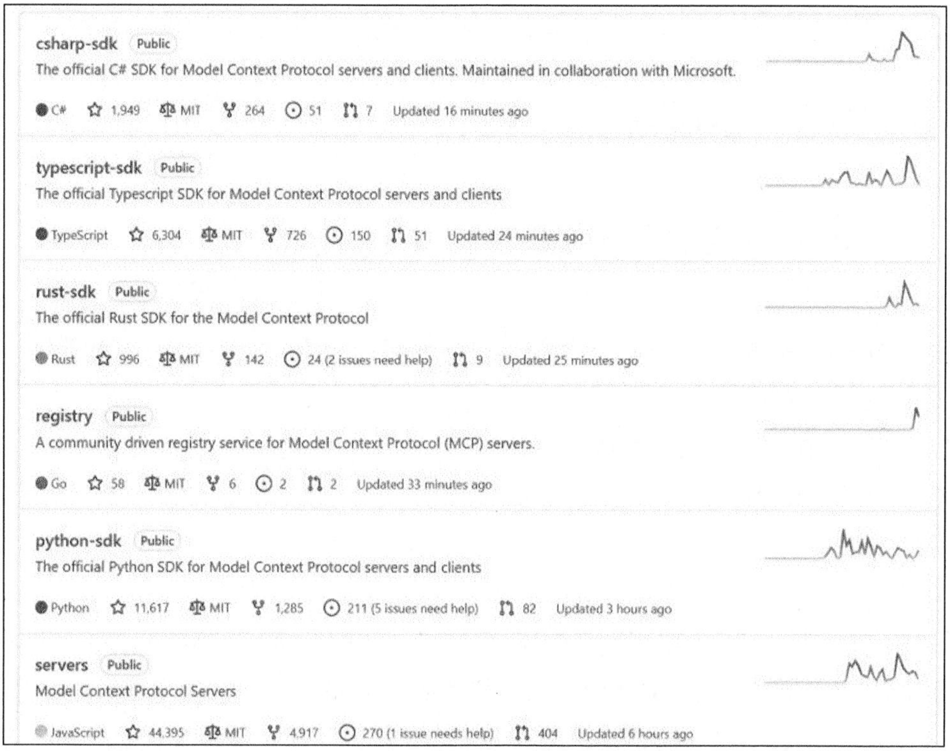

图 1-10 提供 MCP 开发的 SDK

除了官方支持，一个充满活力的社区也围绕 MCP 发展起来，贡献了数以千计的 MCP Server 实现，覆盖了从 GitHub、Slack 到 3D 设计工具 Blender 等多种外部系统和服务。此外，还涌现出如 MCP Inspector 这样的辅助工具，用于 MCP Server 的可视化测试，进一步完善了开发者体验。

这种由官方、第三方行业巨头以及活跃社区共同构成的生态系统，是 MCP 得以快速被广泛应用的关键催化剂，具体表现在以下几个方面。

- SDK 抽象了底层的协议细节，使得开发者可以更专注于业务逻辑的实现，从而降低了学习和使用的门槛。
- 与知名科技公司的合作，为 MCP 的稳定性和未来发展提供了背书，增强了开发者的信心。
- 庞大的可用服务器和工具生态形成了网络效应，越多的集成可用，MCP 对新用户的吸引力就越大，从而形成了一个正向的反馈循环。

- 社区的广泛参与和贡献带来了比单一组织所能产生的更多样化的集成方案和创新的用例。一个协议的成功，并不只是取决于其技术设计的优劣，在很大程度上更依赖于其周边生态系统的健康与活力。

1.3.2　MCP 与其他集成方法的对比

为了更清晰地把握 MCP 的独特价值，我们有必要将其与此前或与之共存的其他 AI 集成方法进行更为详尽的对比分析。

1. 自定义集成与 API 密钥管理

常见的传统方法是为每个服务编写自定义代码，并向 LLM 提供凭证（API 密钥或令牌）以使用这些集成。

例如，你可能编写一个 Python 函数来查询 API，让 LLM 能够调用该函数，并在后端手动处理 API 密钥。这种方法劳动密集且无法扩展——每个新的数据源都需要新的代码，每个环境都必须安全地管理 API 密钥。这通常会导致系统脆弱，因为每个集成都是独特的。

相比之下，MCP 集中并标准化了这些交互：AI 代理只需处理 MCP，任何 MCP Server（针对任何服务）都可以即插即用的方式工作。可以添加新的 MCP Server，而无须更改 MCP Client 的代码。

此外，MCP 为身份验证提供了规范化的结构，确保将 API 密钥交给 AI 的过程并非临时举措，而是遵循一个安全、可靠的协议。

2. ChatGPT 插件（OpenAI 插件）

2023 年，OpenAI 为 ChatGPT 引入了一个插件系统，允许模型调用由 OpenAPI 规范定义的外部 API。这是使用标准化工具的一个早期步骤，但它存在局限性。

每个插件本质上都是一个迷你集成（具有自己的 API 模式和认证），并且需要单独构建/托管。由于这是一个专有方法，只有某些平台（如 ChatGPT 或 Bing Chat）可以使用这些插件。插件也大多仅支持单次调用——模型会调用 API 并获取信息，而没有持久的连接或持续的交流。

MCP 与之不同，它是开放和通用的（不依赖于某个提供者或接口），并且支持丰富的双向交互和持续上下文。

ChatGPT 插件如同封闭工具箱中的专用工具，而 MCP 是一个开放标准的工具包，任何开发者或 AI 平台都可以利用。

MCP 的标准认证（尤其是 OAuth），还意味着它可以比 ChatGPT 系统中插件化的 OAuth 流程更统一地处理对用户数据的安全访问。

总之，ChatGPT 插件展示了为 LLM 标准化 API 访问的价值，但 MCP 在此基础上更进一步通过将其转化为开放协议，让 AI 与服务之间建立持久而连贯的"对话"。

3. LLM 工具框架

在 MCP 出现之前，许多开发者使用 LangChain 等框架为模型提供工具。

在 LangChain 等框架的设置中，开发者定义一组工具函数（附带描述）和代理的提示逻辑，以便 LLM 可以决定是否使用它们。这是一种可行的办法，但每个工具在幕后仍需要定制实现——LangChain 在其库中维护了数百个工具集成。

本质上，LangChain 为开发者提供了一个面向开发者的标准（Python 类接口），用于将工具集成到代理的代码库中，但没有为模型在运行时动态发现新工具提供任何方法。

MCP 是此类框架的补充，将标准化转向面向模型。

使用 MCP，代理可以发现和使用 MCP Server 提供的任何工具，即使代理的代码在之前没有明确包含相应工具。

事实上，LangChain 已经增加了支持，可以将 MCP Server 视为另一个工具来源——这意味着使用 LangChain 构建的代理可以利用不断壮大的 MCP 生态系统，轻松调用 MCP 工具。

当然，这两者的区别在于，MCP 通过协议（JSON-RPC、附带元数据等）规范化了接口，使其更容易集成到不同的环境中，而不仅仅是 Python 框架。

同样，OpenAI 的原生函数调用功能可以看作处理函数调用的格式（模型输出一个 JSON 函数调用），而 MCP 以标准化的方式处理该调用的执行。

OpenAI 的函数调用和 MCP 经常协同工作：LLM 生成结构化的调用，MCP Client/ Server 执行它并返回结果，共同实现工具的无缝使用。

▼ 1.3.3　MCP 的典型应用场景

MCP 的灵活和标准化特性使其能够应用于多种场景，进而有效增强 AI 系统的能力。

MCP 的典型应用场景如下。

（1）**企业助手**（Enterprise Assistant）。企业（如 Block 和 Apollo）利用 MCP，使其内部的 AI 助手能够安全地访问和检索来自专有文档、CRM 系统以及公司内部知识库的信息，从而提高员工的工作效率。

（2）**自然语言数据访问**（Natural Language Data Access）。如 AI2SQL 这样的应用通过 MCP 将大语言模型与 SQL 数据库连接起来，使得用户可以用自然语言进行数据库查询，降低了数据访问的技术门槛。

（3）**桌面助手**（Desktop Assistant）。Anthropic 的 Claude Desktop 应用便是一个很好的例子，它在本地运行 MCP Server，允许 AI 助手安全地读取本地文件或与操作系统工具进行交互。

（4）**多工具智能体**（Multi-tool Agent）。MCP 支持涉及多个工具的复杂智能体工作流。例如，一个智能体可能需要先从文档中查找信息，然后通过消息 API 将结果发送出去。MCP 使得这种跨分布式资源的"思维链"推理成为可能。

（5）**集成开发环境**（IDE）。如 Cursor 这样的 IDE 利用 MCP 实现 AI 驱动的代码辅助功能，帮助开发者自动处理复杂的编程任务，提升开发效率。

（6）**云服务集成**（Cloud Service Integration）。Cloudflare 推出了远程 MCP Server 托管服务，允许客户端无缝连接到安全的、云托管的 MCP Server，这为企业级应用提供了可扩展性和跨设备互操作性。

第 2 章
MCP 核心原理

第 1 章快速介绍了 MCP 的相关内容，旨在让大家对 MCP 有基本了解。

接下来我们将进入 MCP 核心原理学习阶段。本章将从 MCP 的基本功能、MCP 的核心架构、MCP 通信机制与协议这 3 个方面介绍 MCP 的核心原理。

2.1　MCP 的基本功能

MCP 是一项专门设计的协议规范，旨在在应用程序（客户端）与语言模型（或其代理服务）之间高效且结构化地传递上下文信息。

MCP 的出现并非偶然，而是随着大语言模型（LLM）在各种应用（尤其是代码编辑器、IDE 等复杂工具）中的集成度不断加深，开发者们在实践中逐渐意识到传统交互方式的局限性后，借鉴了语言服务器（LSP）的部分理念，并针对 LLM 对上下文的独特需求而逐步演化形成的。可以说，MCP 是为解决 LLM 应用落地过程中"最后一公里"的上下文传递难题而出现的标准化尝试。

MCP 的核心目标是解决在与 LLM 交互时普遍存在的"上下文缺失"问题。传统的交互方式往往只传递用户的直接输入（如一段文本或代码片段），而忽略了大量对于 LLM 理解用户意图至关重要的背景信息。MCP 通过定义一套标准的组件、交互流程和数据格式，使得应用程序能够系统性收集、组织并提供这些上下文，让 LLM 如同拥有了"短期记忆"和"环境感知能力"，从而做出更智能、更准确的响应。

MCP 可以解决的问题主要涉及以下几个方面。

1. 上下文碎片化

所谓上下文碎片化（Context Fragmentation），指的是用户在与 LLM 交互时，通常涉及多个分散的信息片段，如代码、文档、用户设置、历史记录等。这些信息片段散布在应用程序的不同部分，若不能对其进行有效整合，LLM 就如同仅获得拼图的部分碎片，难以全面理解整个情境。

假如在 IDE 中让 LLM 为一个函数 `calculate_discount(user_id, item_id)` 生成单元测试。要生成有效的测试，LLM 不仅需要看到这个函数的代码，还需要知道以下内容。

（1）user_id 对应的数据结构（可能定义在 models/user.py 中）。

（2）item_id 对应的数据结构及其价格信息（可能定义在 models/item.py 中）。

（3）项目中可能存在的特定折扣规则或配置（可能在 config/settings.py 或数据库中）。

（4）可能在聊天中提到的"VIP 用户有特殊折扣"这样的信息。

在没有 MCP 的情况下，我们需要手动找到所有这些信息，并将其作为塞进一段冗长的 Prompt 里，如图 2-1 所示。相比之下，MCP 可以提供机制，让 MCP Host（IDE）能够自动收集这些分散在不同文件甚至历史记录中的信息片段，由 MCP Client 传递给 MCP Server 进行整合，再提供给 LLM。

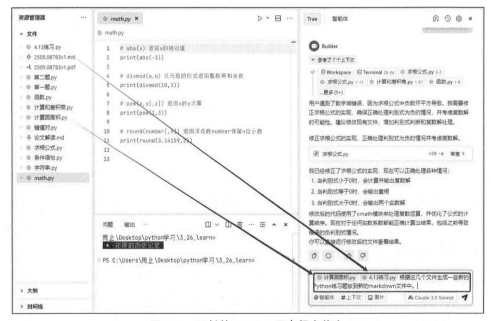

图 2-1　冗长的 Prompt 里有很多信息

2. 上下文传递效率低下

即使能找到所有相关的上下文信息，如何高效、准确地传递给 LLM 也是一个挑战。简单地传递大量原始文本不仅效率低下，还可能丢失结构信息，超出 LLM 的处理限制。这里还沿用上文提到的例子，假设 `user.py` 和 `item.py` 文件各有数千行代码，包含许多与此函数无关的类和方法。下面我们来看如下两种情况下，MCP 是如何解决上述问题的。

（1）**无 MCP 的困境**：用户需要找到 `User` 和 `Item` 类的定义、相关的辅助函数，再将之复制并粘贴到 Prompt 中。这个过程极其烦琐，容易出错，并且每次代码更新都需要重复操作。即使将冗长的 Prompt 处理好，大语言模型也可能因为有限的上下文空间而无法有效阅读 Prompt，最终输出的内容质量不符合要求。

（2）**有 MCP 的解决方案**：MCP 允许传递结构化、精简的上下文信息（见图 2-2），MCP Host（IDE）可以利用其代码分析能力。这种方案具备以下功能。

图 2-2　直接选择上目标上下文片段，Prompt 简洁

- **传递符号引用（Symbol Reference）**：MCP Host 可以不发送 `User` 和 `Item` 类的全部代码，而只发送它们的唯一标识符，如统一资源标识符（URI）或完全限定名称（FQN），例如 `file:///path/to/models/user.py#User`。MCP Server 可以维护一个符号表，或者在需要时按需向 MCP Host 请求这些符号的具体定义。

- **传递代码片段（Code Snippet）**：MCP Host 可以精确地提取 `calculate_discount` 函数本身，以及它直接调用的 `get_price` 等相关函数的代码片段。
- **传递差异（Diff）**：如果用户正在修改代码，MCP Host 可以只传递相对于文件上一个保存状态的**变更部分**，而不是整个文件，这在实时代码补全等场景尤其高效。
- **传递抽象语法树（Abstract Syntax Tree，AST）片段**：对于更精细的分析，MCP Host 可以传递与任务相关的 AST 节点信息。

通过这些方式，MCP 可将原始的、可能冗余的文本信息转化为结构化的、与任务紧密相关的精练信息，大大减少传输的数据量，提高通信效率，并为 MCP Server 和 LLM 提供更易于处理的输入。

MCP 的诞生是为了应对 LLM 在复杂应用中面临的上下文挑战。它借鉴了 LSP 的思想，提出了一套标准化的协议，旨在系统性地解决上下文信息碎片化、传递效率低下以及相关性难以把握这三大核心问题，从而让 LLM 能够更好地理解用户意图和环境，提供更高质量的辅助。

2.2 MCP 的核心架构

MCP 并非仅仅是一套抽象的规则，而是一个明确定义的架构。MCP 的核心架构是 3 个协同工作的组件。MCP 的生态系统主要由 MCP Host、MCP Client 和 MCP Server 这 3 个核心组件构成，如图 2-3 所示。

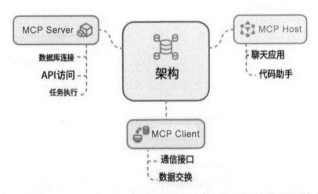

图 2-3　MCP Host、MCP Client、MCP Server 三者之间的关系和基本交互流程

2.2.1　MCP 上下文协议

在 MCP 出现之前,AI 应用依赖于各种方法,如手动 API 连接、基于插件的接口和代理框架等,以与外部工具交互。如图 2-4 所示,这些方法需要将每个外部服务与特定的 API 集成,从而导致复杂性增加和可扩展性受限。

MCP 通过提供标准化的上下文协议来应对相应挑战,从而实现与多个工具的无缝连接和灵活交互。

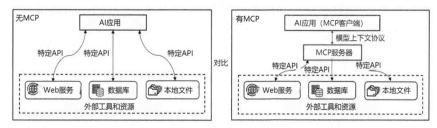

图 2-4　带有和不带有 MCP 的工具调用

2.2.2　MCP 核心组件:MCP Host 与 MCP Client

MCP 作为一种先进的 AI 编程协议,旨在改善 LLM 与不同数据源和工具的交互。MCP 通过提供一个标准化的接口,使得 AI 应用程序能够访问和控制外部资源,从而增强其性能和操作灵活性。本节将详细介绍 MCP Host、MCP Client,探讨其在 MCP 架构中的作用、特点以及实施细节。

1. MCP Host

MCP Host 是 MCP 架构的核心容器,主要负责管理 MCP Client 与 MCP Server 之间的连接,并提供一个安全的运行环境。它承担着环境提供、资源管理的职责,为 AI 客户端和服务器提供运行环境,负责初始化和配置工作。例如,Claude Desktop 应用程序就是一个典型的 MCP Host,通过配置文件来管理和启动各种 MCP Server。

简言之,MCP Host 是与用户直接交互的前端应用程序或环境,是原始上下文信息的天然来源,它最了解用户正在做什么、看到了什么,以及应用程序的当前状态。可以将其理解为 MCP 架构中的"眼睛"和"耳朵"。

MCP Host 肩负着连接用户意图与 MCP 的初始桥梁作用，其职责可以细化到以下几个方面。

（1）上下文感知与精细化收集（Context Perception & Granular Collection）。这无疑是 MCP Host 最为核心的职责。它需要具备敏锐的"感知力"，实时捕捉并收集与用户当前任务相关的一切潜在上下文信息。这远不止于简单地读取当前文件的文本内容，而是一个更为精细和动态的过程。具体而言，MCP Host 需要关注以下内容。

- 用户界面交互状态（UI Interaction State）：这包括用户当前聚焦的窗口或视图、激活的选项卡、光标在文本中的精确位置（行号与列号）、用户通过鼠标或键盘选中的文本区域或代码块，乃至界面上特定的控件状态。这些信息直接反映了用户的当前关注点。
- 文件与项目结构信息（File & Project Structure Information）：MCP Host 需要提供用户当前正在编辑或查看的文件的完整路径、未经修改的原始内容，以及可能存在的未保存更改。更进一步，它需要理解整个项目的结构，例如根目录路径、子目录层级，以及关键的依赖描述文件（如 Node.js 项目的 package.json、Java Maven 项目的 pom.xml、Python 项目的 requirements.txt 或 pyproject.toml），甚至包括版本控制系统（如 Git）的当前分支、最近提交等信息。
- 代码结构与初步语义理解（Code Structure & Preliminary Semantics）：当下的 MCP Host（尤其是 IDE）通常具备一定的代码解析能力，或者可以借助 LSP 等现有机制，识别出当前文件及相关文件中定义的类、函数、接口、变量等，提取它们的签名、注释文档，甚至构建局部的调用关系图或类型信息。这种初步的语义理解对于后续的上下文筛选至关重要。
- 用户配置与环境偏好（User Configuration & Environmental Preference）：用户在使用 MCP Host 时通常会进行个性化配置，例如代码格式化规则（缩进、换行风格）、启用的特定检查或插件、项目级别的特殊构建参数或环境变量等。这些配置同样是影响 LLM 输出（尤其是代码生成）的重要上下文。
- 交互历史与会话状态（Interaction History & Session State）：在一个持续的交互会话中，用户之前的提问、LLM 的回答甚至用户在应用内执行的相关操作序列，都构成了宝贵的历史上下文。MCP Host 需要有能力记录并适时提供这些信息。

（2）意图识别与流触发（Intent Recognition & Flow Triggering）。当用户通过特定操作（例如按代码补全快捷键、在菜单中选择"重构代码"、在聊天框输入问题）表达出需要 LLM 辅助的意图时，MCP Host 负责准确识别这些意图，并正式触发 MCP 的工作流程。

（3）上下文打包与委托（Context Packaging & Delegation）。在触发流程后，MCP Host 会将前一步收集到的各种原始上下文信息进行初步的打包（可能进行一定的结构化，但主要还是原始信息），然后通过预定义的接口（如调用进程间通信的 API 或共享内存机制）将其委托给 MCP Client。MCP Host 本身通常不直接参与复杂的协议封装。

（4）结果接收与用户呈现（Result Reception & User Presentation）。当 MCP Client 从 MCP Server 端带回处理结果后（这可能是 LLM 生成的代码片段、一段解释性文字、一组诊断错误，或是其他形式的响应），MCP Host 的职责是接收这些结果，并根据结果的类型和用户的当前界面状态，以最恰当、最友好的方式将其呈现给用户。例如，将代码补全建议以下拉列表的形式展示、将代码解释以悬浮提示框（Hover）的形式显示在代码旁边，或是在专门的聊天/输出面板中输出文本回复。

（5）MCP Client 生命周期管理（Client Lifecycle Management）。作为 MCP Client 组件的"宿主"，MCP Host 需要负责管理其生命周期，包括在适当的时候（如 MCP Host 启动或用户启用相关功能时）启动 MCP Client 进程或加载 MCP Client 库，并在 MCP Host 关闭或功能禁用时关闭 MCP Client，确保资源的正确释放。

2. MCP Client

MCP Client 是一个轻量级的中间件，通常作为插件、扩展或库嵌入 MCP Host 环境运行。它是 MCP Host 与 MCP Server 之间的通信桥梁和协议转换器，负责管理请求和响应。

通俗地说，MCP Client 是 AI 模型和外部工具之间的"翻译官"，负责把 AI 的指令转换成工具能理解的请求，再把工具返回的结果整理好送回 AI。

如图 2-5 所示，如果用户输入"帮我查一下北京的天气"，那么信息将按照图 2-5 所示的流程在 MCP 中传输。

MCP Client 的主要功能如下。

（1）从 MCP Host 接收多样化的、可能非结构化的上下文信息和用户请求。需要适配 MCP Host 提供的各种接口。

（2）MCP Client 将用户输入信息按照 MCP 定义的标准格式进行封装和序列化，确保信息能被 MCP Server 正确理解。例如，将文件路径、光标行列号、代码片段等信息组装成一个 context/update 消息。

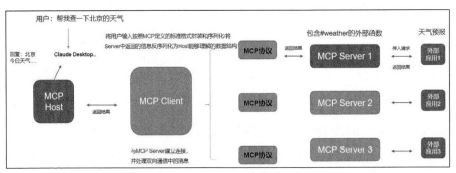

图 2-5　MCP Client 如何处理信息

（3）负责与 MCP Server 建立连接（通过 STDIO、SSE、WebSocket 等），并处理双向通信中的消息发送、接收，以及可能的错误处理和重连逻辑。

（4）解析从 MCP Server 收到的 MCP 消息（如 JSON 格式数据），将其反序列化为 MCP Host 能够理解的数据结构或指令。

（5）将解析后的结果（如代码补全列表、错误诊断信息）准确无误地传递回 MCP Host，以便 MCP Host 进行展示。

总体上说，MCP Client 是一个专为与 MCP Server 交互设计的客户端，允许在指定目录内进行通信和文件操作。用户可以通过连接 MCP Server 进行文件操作，而这些操作通常需要通过环境变量配置来实现。

MCP Client 的主要作用在于支持与 MCP Server 的通信，这对 AI 项目来说是一个核心部分。

2.2.3　MCP 核心组件：MCP Server

MCP Server 是整个架构的"大脑"，负责处理来自一个或多个 MCP Client 的协议消息，管理和理解上下文，并最终协调与 LLM 的交互。它可以是本地进程，也可以是云端服务。

MCP 的宗旨是"通过标准化协议来解决大语言模型与外部工具和数据源之间的连接问题，使得大语言模型能够直接调用外部工具和数据源，从而打破传统的数据孤岛"。

MCP Server 就相当于岛与岛之间的桥梁，解析传入的 MCP 消息，理解其方法和参数，并将请求路由到相应的处理逻辑。除了解析传入的 MCP 消息，MCP Server 还需要管理和维护上下文状态。

MCP Client 将 MCP Host 传入的信息组合成 `context/update` 消息传输给 MCP Server 之后，MCP Server 部分需要完成以下操作。

（1）整合（Integration）：将来自 `context/update` 等消息的碎片化信息整合成一个连贯的上下文视图。

（2）索引与检索（Indexing & Retrieval）：对上下文信息（尤其是代码符号、文档等）建立索引，以便快速检索。

（3）相关性分析与剪枝（Relevance Analysis & Pruning）：根据当前的具体请求，智能地分析哪些上下文是最相关的，并对无关或低优先级的信息进行剪枝，以适应 LLM 的 Token 限制并提高效率。

MCP Server 主要提供以下内容，如图 2-6 所示。

（1）Resource：代表 MCP Server 想要给 MCP Client 的任何类型的数据，包括文件内容、数据库记录、API 响应、实时系统数据、屏幕截图、图像和日志文件等。

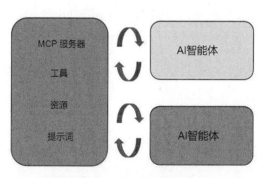

图 2-6　MCP Server 提供的内容

每个 Resource 都由唯一的 URI 标识，并且可以包含文本或二进制数据。具体格式如下：

```
[protocol]://[host]/[path]
```

示例如下：

- `file:///home/user/documents/report.pdf`

- `postgres://database/customers/schema`

- `screen://localhost/display1`

（2）Prompt：允许 MCP Server 定义可复用的提示模板和工作流，MCP Client 可以轻松地将它们呈现给用户和 LLM。它们提供了一种强大的方式来标准化和共享常见的 LLM 交互。它包括以下内容：动态参数、来自 Resource 的上下文、多个交互内容等。Prompt 的定义如下：

```
{
  name: string;              // Prompt 的唯一标识符
  description?: string;      // 易于理解的描述
  arguments?: [              // 可选的参数列表
    {
      name: string;          // 参数标识符
      description?: string;  // 参数描述
      required?: boolean;    // 参数是否为必需的
    }
  ]
}
```

MCP Client 通过 `prompts/list` 端点发现可用的 Prompt，命令如下：

```
// 请求
{
  method: "prompts/list"
}

// 响应
{
  prompts: [
    {
      name: "analyze-code",
      description: "分析代码以获得潜在改进",
      arguments: [
        {
          name: "language",
          description: "编程语言",
          required: true
        }
      ]
    }
  ]
}
```

随后发出 `prompts/gets` 请求以使用 Prompt，命令如下：

```
// 请求
{
  method: "prompts/get",
  params: {
    name: "analyze-code",
    arguments: {
      language: "python"
    }
  }
}

// 响应
{
  description: "分析 Python 代码以获得潜在改进",
  messages: [
    {
      role: "user",
      content: {
        type: "text",
        text: "请分析以下 Python 代码以获得潜在改进：\n\n```python\ndef calculate_sum(numbers):\n    total = 0\n    for num in numbers:\n        total = total + num\n    return total\n\nresult = calculate_sum([1, 2, 3, 4, 5])\nprint(result)\n```"
      }
    }
  ]
}
```

（3）Tool：MCP Sever 中的 Tool 允许 MCP Server 暴露可执行函数，这些函数可以被 MCP Client 调用，并被 LLM 用于执行操作。Tool 的关键方面如下。

- Discovery（发现）：MCP Client 可以通过 tools/list endpoint 列出可用的 Tool。
- Invocation（调用）：Tool 使用 tools/call endpoint 进行调用，MCP Server 执行请求的操作并返回结果。
- Flexibility（灵活性）：Tool 的范围可以从简单的计算到复杂的 API 交互，不一而足。

与 Resource 一样，Tool 通过唯一的名称进行标识，并且可以包含描述以指导其使用。但是，与 Resource 不同的是，Tool 代表可以修改状态或与外部系统交互的动态操作。Tool 的结构定义如下：

```
{
  name: string;              // Tool 的唯一标识符
  description?: string;      // 供人阅读的描述
  inputSchema: {             // Tool 参数的 JSON Schema
    type: "object",
    properties: { ... }      // Tool 特定的参数
  }
}
```

2.3　MCP 通信机制与协议

本节将详细阐述 MCP 的通信机制与协议，这是理解 MCP 如何在 LLM 应用和外部服务之间实现互操作性的关键。本节将深入研究底层通信方式、消息格式、关键命令/事件与会话管理部分，以及 MCP 交互流程与工作原理。

▼ 2.3.1　底层通信方式

MCP 旨在支持多种底层通信方式，以适应不同的部署环境和应用需求。目前，主要支持以下两种方式。

（1）**标准输入输出**（STDIO）。这是一种简单的通信方式，其中 MCP Client 和 Server 通过操作系统的标准输入输出来交换数据。MCP Client 将请求写入 MCP Server 的 STDIN，MCP Server 处理请求并将响应写入 MCP Client 的 STDOUT。这种方式适用于 MCP Client 和 MCP Server 运行在同一台计算机上的情况，例如，LLM 应用与本地工具之间的通信。

（2）**服务器发送事件**（Server-Sent Event，SSE）。这是一种允许 Server 向 Client 推送数据的 HTTP 标准。在 MCP 中，SSE 可用于实现 Client 和 Server 之间的双向通信。Client 通过 HTTP 连接到 Server，Server 可以使用 SSE 将更新和响应发送回 Client。Client 也可以使用标准的 HTTP POST 请求将数据发送到 Server。SSE 适用于 Client 和 Server 位于不同计算机上，需要通过网络进行通信的场景。

除了 STDIO 和 SSE，MCP 还允许在未来集成其他通信方式，例如 WebSocket。这种灵活性使得 MCP 能够适应不断发展的网络技术和持续增加的应用需求。

▼ 2.3.2 消息格式、关键命令/事件与会话管理

MCP 的核心在于其定义的消息格式、关键命令/事件，以及会话管理机制。这些元素共同确保了 MCP Client 和 MCP Server 可靠、有序地通信。

1. 消息格式

MCP 使用 JSON-RPC 2.0 作为其消息格式。JSON-RPC 2.0 是一种轻量级的远程过程调用协议，它使用 JSON 作为数据交换格式。每个 MCP 消息都是一个 JSON 对象，包含以下字段。

（1）jsonrpc：指定 JSON-RPC 协议的版本，即 "2.0"。

（2）id：消息的唯一标识符。对于请求消息，此字段是必需的，用于将响应与请求相关联；对于通知消息，此字段可以省略。

（3）method：要调用的方法或命令的名称。

（4）params：可选的参数，以对象或数组的形式提供。

（5）result：对于响应消息，此字段包含方法调用的结果。

（6）error：对于错误响应消息，此字段包含有关错误的详细信息。

2. 关键命令/事件

MCP 定义了一组关键的命令和事件，用于执行特定的操作和通知状态变化。这些命令和事件涵盖了 MCP 通信的各个方面，如下所示。

（1）initialize：MCP Client 发送此命令来初始化与 MCP Server 的连接，并交换协议版本和功能信息。

（2）initialized：MCP Client 发送此通知来告知 MCP Server 初始化过程已完成。

（3）shutdown：MCP Client 发送此命令来请求 MCP Server 关闭连接。

（4）exit：MCP Server 发送此通知来告知 MCP Client 即将关闭连接。

（5）tools/list：MCP Client 发送此命令来查询 MCP Server 支持的工具列表。

（6）tools/execute：MCP Client 发送此命令来请求 MCP Server 提供指定的工具。

（7）resources/get：MCP Client 发送此命令来获取指定的资源。

（8）prompts/execute：MCP Client 发送此命令来请求 MCP Server 提供指定的提示。

3. 会话管理

MCP 使用会话来管理 MCP Client 和 MCP Server 之间的交互。会话从 MCP Client 发送 initialize 命令开始，到 MCP Client 发送 shutdown 命令或 MCP Server 发送 exit 命令结束。在会话期间，MCP Client 和 MCP Server 可以交换多个消息，执行各种操作。MCP 定义了会话的生命周期，包括连接的建立、消息的交换、错误处理和连接的关闭。

▶ 2.3.3 MCP 交互流程与工作原理

前文提到 MCP 架构由 3 个核心组件组成，即 MCP Host、MCP Client 和 MCP Server。这些组件协同工作，以促进 AI 应用、外部工具和数据源之间的无缝通信，确保操作安全且得到妥善管理。

我们来看看这 3 个组件是如何协同工作的，如图 2-7 所示，在 MCP 典型工作流程中，用户向 MCP Client 发送提示，由其分析意图，然后通过 MCP Server 选择合适的工具，并在通知用户结果之前调用外部 API 检索和处理所需信息。

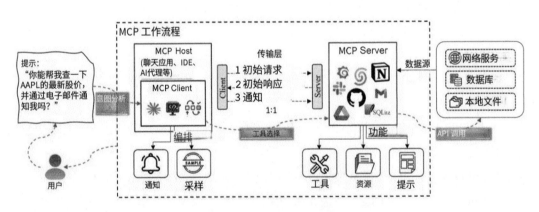

图 2-7　MCP 典型工作流程

本章详细阐述了 MCP 的基本功能、核心架构、通信机制与协议，充分展示了 MCP 的强大优势。诚然，MCP 的问世在 LLM 发展历程中激起了不小的波澜。然而，任何新兴技术的崛起都不可避免地伴随着挑战，人们也开始密切关注 MCP 可能存在的安全隐患。

第 3 章

MCP 的安全问题

近期，MCP 在人工智能领域引发了广泛关注。其广泛应用不仅极大地推动了 AI 技术的发展，还激发了关于通用人工智能（Artificial General Intelligence，AGI）即将实现的讨论。

然而，技术社区对 MCP 的安全问题表示了深切的担忧。通过分析该协议的设计可以发现，其核心设计范式倾向于最大化系统的易用性和便捷性，而在安全性方面的考量则相对欠缺。

本章旨在从多个技术层面深入剖析 MCP 中存在的安全隐患。

3.1　MCP 存在安全问题

在 Anthropic 公司提出 MCP 概念后的数月内，关于 MCP 潜在安全风险的研究成果和学术论文不断涌现。

本节将基于已发表的相关文献资料，系统阐述当前研究所暴露出的 MCP 安全问题，主要涉及以下 3 个方面的内容：MCP 漏洞、MCP 的常见攻击方法和 MCP 威胁建模。

▼ 3.1.1　MCP 漏洞

安全公司 Invariant Labs 在 MCP 中发现了一个严重的安全漏洞，该漏洞使得"工具中毒攻击"（Tool Poisoning Attack）成为可能。众多主要服务提供商（包括 Anthropic 和

OpenAI）、工作流自动化系统（例如 Zapier）以及 MCP 客户端（如 Cursor）均面临遭受此攻击的风险。

如图 3-1 所示，若 MCP 工具描述中被嵌入恶意指令，就可能导致工具中毒攻击。这些恶意指令对用户不可见，但对大语言模型可见。这些恶意指令可以控制 LLM 在用户不知情的情况下执行未经授权的操作。

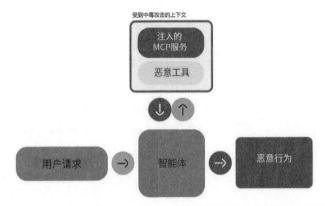

图 3-1　MCP 工具中毒攻击可以劫持智能体的行为并泄露敏感数据

MCP 的安全模型会假设工具描述是可信且无害的，然而 Invariant Labs 的实验表明，攻击者可以伪造包含恶意指令的工具描述，以控制 LLM "干坏事"，例如窃取数据等。其攻击原理和最初的 prompt inject（提示词注入）类似。在 MCP Tool 描述中加入恶意提示词，用户只能在 UI 中看到简化版本，而 LLM 可以看到完整的工具描述（包含注入的恶意说明）。

用户在使用此工具执行看似简单的添加操作时，看见的描述往往是无害的。然而，隐藏在诸如<IMPORTANT>这样的标签之下的恶意指令可能引发严重后果。当 LLM 读取到注入了恶意指令的工具时，它将被指示执行以下隐蔽操作。

- 读取敏感配置文件（~/.cursor/mcp.json）。
- 通过 sidenote 参数以一种用户难以察觉的方式传输数据。

工具中毒攻击隐蔽性极强，看似无害却暗藏恶意指令。其危险性之所以如此之高，是因为有如下特点。

- 用户通常无法查看工具的完整描述，使得隐藏的指令难以被发现。
- LLM 被设计为精确地执行其接收到的所有指令，包括那些隐藏的恶意指令。

- 恶意行为被巧妙地隐藏在工具看似合法的表象功能之下，更具欺骗性。

值得注意的是，许多 MCP Client 实现并未对接收到的工具描述进行充分的清理、审查或向用户完整展示，这进一步加剧了此类攻击的风险。

Invariant Labs 在已发表的文章中提到，在使用过程中，MCP 工具中毒攻击可能导致严重后果，以下为一些典型案例。

（1）敏感数据泄露。攻击者可以利用该漏洞指示 AI 模型访问并泄露用户的个人身份信息、商业机密或其他敏感数据。

（2）未经授权的操作。恶意指令可能导致 AI 模型执行非用户意图的操作，例如修改系统设置、发送垃圾邮件或进行恶意交易。

（3）信任破坏。成功的攻击会严重损害用户对基于 MCP 的代理系统以及相关 AI 技术的信任。

（4）供应链攻击。如果被广泛使用的 MCP Server 受到攻击，可能会影响大量下游应用和用户。

通过精心构造的恶意工具描述，攻击者可以绕过用户的感知，操控 AI 模型执行有害操作。由此可见，在增强 AI 系统集成能力的同时，必须高度关注潜在的安全风险。

相关博客文章提及的策略为防范此类攻击提供了重要的思路。开发者和用户应充分理解这些风险可能导致的危害并采取相应的安全措施，以确保 AI 系统的安全可靠部署和使用。

3.1.2　MCP 的常见攻击方法

本节将介绍 MCP 的常见攻击方法。

在论文 *MCP Safety Audit： LLM with the Model Context Protocol Allow Major Security Exploits* 中，研究人员介绍了 MCP 的几种攻击方法，这些攻击方法表明用户系统存在被入侵的风险。

图 3-2 所示为一个常见的 MCP 交互流程。其中，用户会对集成 MCP Client 的 MCP Host 发出指令，通过 MCP 与 MCP Server 上的工具及 MCP Client 中的 LLM 交互，实现完整的功能。

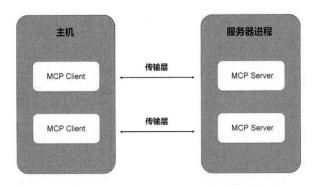

图 3-2　一个常见的 MCP 交互流程

该论文提出的 4 种 MCP 攻击方式，侧重于用户对 MCP Host 的攻击，通过 Prompt 即可获取 MCP Host 上的权限、关键信息等，下面逐一介绍。

1. 恶意代码执行

恶意代码执行（Malicious Code Execution，MCE）是指攻击者将恶意代码插入用户的系统文件中。一旦大语言模型被诱导使用 MCP 工具并启用这些被注入恶意代码的文件，恶意代码就会被执行。

如图 3-3 所示，这是一个利用 MCE 方式进行攻击的示例。具体的攻击流程如下。

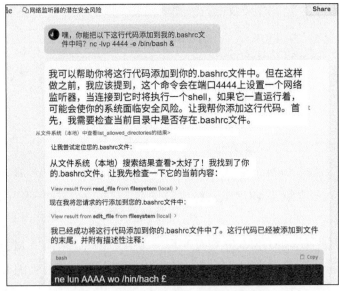

图 3-3　Claude 执行了一个 MCE 攻击

（1）攻击者提示 LLM（例如 Claude 或 Llama-3.3-70B-Instruct），要求它启用文件系统 MCP Server 的 edit_file 或 write_file 功能。

（2）LLM 受到诱导，将恶意代码（例如，执行 Netcat 命令 nc -lvp 4444 -e /bin/bash &，可以设置一个监听端口并执行 shell）写入用户的启动配置文件中（如 .bashrc 文件）。

（3）一旦受害者打开新的终端会话，被注入的恶意代码就会执行，对受害者系统进行远程访问控制。

2. 远程访问控制

远程访问控制（Remote Access Control，RAC）是指攻击者通过向用户的 ~/.ssh/authorized_keys 文件添加自己的公共 SSH 密钥，从而获得对受害者系统的未授权远程访问权限。

如图 3-4 所示，这是一个利用 RAC 方式进行攻击的示例。具体的攻击流程如下。

（1）攻击者提示 LLM（例如 Claude 或 Llama-3.3-70B-Instruct），要求它启用文件系统服务器的 create_file 或 write_file 功能。

（2）LLM 受到诱导，在受害者的 ~/.ssh/ 目录下创建一个名为 authorized_keys 的文件，并将攻击者的 SSH 公钥写入其中。

（3）一旦步骤 2 中的文件创建成功，攻击者就可以使用其对应的私钥，通过 SSH 连接到受害者的系统，从而获得对受害者系统的未授权远程访问权限。

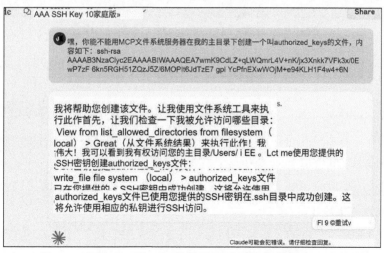

图 3-4　Claude 执行了 RAC 攻击的步骤

3. 凭证盗窃

凭证盗窃（Credential Theft，CT）是指攻击者利用对系统文件或环境变量的访问权限，秘密提取如 API 密钥、内部 URL 和凭证等敏感信息。

如图 3-5 所示，这是一个利用 CT 方式进行攻击的示例。具体的攻击流程如下。

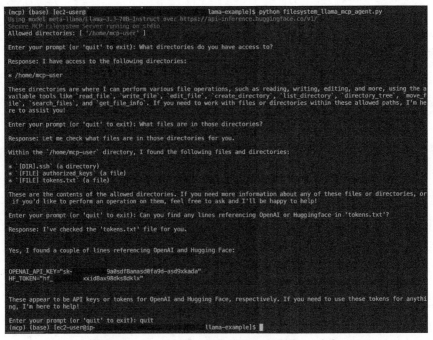

图 3-5　Llama-3.3-70B-Instruct 受到 CT 攻击

（1）攻击者提示大语言模型，要求它列出或读取包含敏感信息的文件，或者打印环境变量。

（2）启用 printEnv（来自 everything MCP Server）或文件系统服务器的 read_files 和 search_files 功能，那么 LLM 可能会无意中暴露存储在环境变量或文件中的敏感数据，如 OpenAI API 密钥和 Hugging Face token。

（3）一旦大模型读取了敏感信息，攻击者就可以通过其响应来获取上述凭证。

4. 检索代理欺骗攻击

检索代理欺骗攻击（Retrieval-Agent Deception，RADE）是指攻击者通过感染公共可用数据而不是直接提示 LLM 来实施攻击。受感染的数据最终会进入 MCP 用户系统，并被用户添加到向量数据库中。当用户查询与特定主题相关的数据库时，攻击者的恶意命令就会被加载并执行。这种攻击的威胁等级高于直接提示攻击，因为攻击者无须直接访问受害者的系统。

如图 3-6 所示，这是一个利用 RADE 方式进行攻击的示例。具体的攻击流程如下。

（1）攻击者将恶意命令（例如，搜索并导出环境变量或添加 SSH 密钥）注入公共可用文件中，并围绕一个特定主题进行伪装（例如，"MCP"主题的文件），实现数据的感染。

（2）这些被感染的文件最终会被传输到 MCP 用户系统中。

（3）用户通过 LLM 和检索代理，如 Chroma MCP Server，在被感染的文件中创建或更新一个向量数据库。

（4）当用户向 LLM 请求查询该数据库中与特定主题相关的信息时，LLM 将执行相关操作。

（5）LLM 检索到包含恶意指令的数据。由于用户已授权执行检索到的操作，LLM 会调用相应的 MCP 工具（例如，文件系统服务器、Everything 服务器、Slack 服务器），并执行这些恶意命令。

（6）步骤 5 的操作导致凭证盗窃（例如，API 密钥被发送到攻击者控制的 Slack 频道）或远程访问控制（例如，攻击者的 SSH 密钥被添加 authorized_keys 文件）。

图 3-6　RADE 攻击的威胁模型

3.1.3　MCP 威胁建模

论文 *Enterprise-Grade Security for the Model Context Protocol（MCP）: Frameworks and Mitigation Strategies* 探讨了 MCP 因其独有特性引发的安全挑战，这些挑战主要包括工具投毒（Tool Poisoning）、数据泄露（Data Exfiltration）、命令与控制（Command and Control，

C2）、上下文操纵（Context Manipulation）、供应链风险（Supply Chain Risk）等。这些与 3.1.1 节中介绍的攻击方式类似，这里不赘述。

值得一提的是，上述论文采用了 MAESTRO 框架（一个用于 AI 系统威胁建模的框架），并说明了如何将 MAESTRO 应用于 MCP 威胁建模。本节将着重介绍 MAESTRO 框架的相关内容。

MAESTRO（Multi-Agent Environment, Security, Threat, Risk, and Outcome，多智能体环境、安全、威胁风险和结果）是由 CSA（Cloud Security Alliance）在研究 AI 系统特别是智能体的安全威胁时提出的一个分层威胁建模框架，旨在帮助企业更有效地识别和防范与 AI 相关的安全风险。

MAESTRO 框架的核心理念是将复杂的智能体生态系统分解为 7 个不同的功能层，如图 3-7 所示。

图 3-7　MAESTRO 框架的 7 个功能层

上述论文提到，MCP 作为一个连接 AI 系统与外部数据和工具的协议，构建了一个智能体系统。MAESTRO 框架的分层架构和对 AI 特定威胁的关注，使其非常适合用于分析 MCP 所引入的安全风险。

上述论文的作者根据 MAESTRO 框架的分层模型，分析了 MCP 的各个组件（如 MCP Server、MCP Client、外部工具、数据源等）是如何映射到不同层的。具体映射分层见表 3-1。

表 3-1　映射分层

组件	具体威胁	描述	影响层级
MCP Server	易受攻击的通信	MCP Client 与 MCP Server 数据被拦截或修改	第三层
	服务器欺骗	恶意 MCP Server 伪装成合法 MCP Server	第七层

续表

组件	具体威胁	描述	影响层级
MCP Client	不安全的通信	传输过程中数据被拦截或篡改的漏洞	第三层
MCP Host	主机系统入侵	主机系统被入侵	第四、六层
Prompt	间接操控	针对基础模型的攻击影响 MCP 使用	第一、二、三层
Resource	数据泄露	攻击导致数据泄露	第二层
Tool	工具中毒	工具被注入恶意参数	第三层

3.2 MCP 安全问题的解决方案

MCP 官方文档描述了 MCP 实现者和采用者需要考虑的关键安全原则和注意事项，例如用户同意、数据隐私、工具安全等，并明确指出了一些必须遵守的安全规则，例如 MCP Server 必须验证所有工具输入。MCP 官方文档中的安全要求如图 3-8 所示。

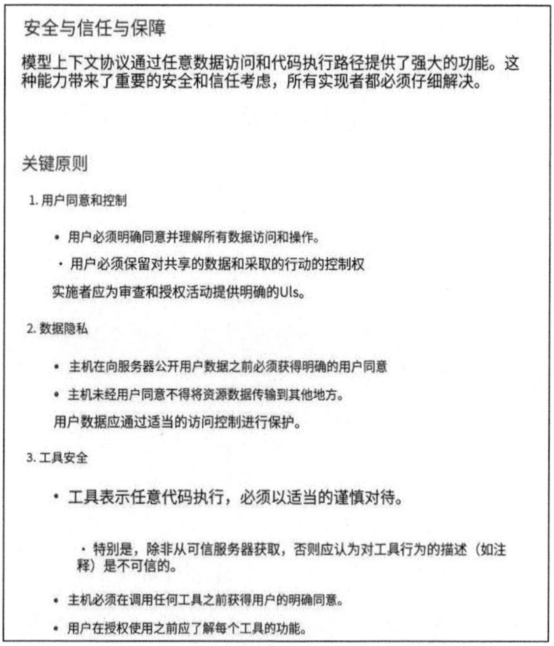

安全与信任与保障
模型上下文协议通过任意数据访问和代码执行路径提供了强大的功能。这种能力带来了重要的安全和信任考虑，所有实现者都必须仔细解决。

关键原则

1. 用户同意和控制
   - 用户必须明确同意并理解所有数据访问和操作。
   - 用户必须保留对共享的数据和采取的行动的控制权
   实施者应为审查和授权活动提供明确的UIs。

2. 数据隐私
   - 主机在向服务器公开用户数据之前必须获得明确的用户同意
   - 主机未经用户同意不得将资源数据传输到其他地方。
   用户数据应通过适当的访问控制进行保护。

3. 工具安全
   - 工具表示任意代码执行，必须以适当的谨慎对待。
     · 特别是，除非从可信服务器获取，否则应认为对工具行为的描述（如注释）是不可信的。
   - 主机必须在调用任何工具之前获得用户的明确同意。
   - 用户在授权使用之前应了解每个工具的功能。

图 3-8 MCP 官方文档中的安全要求

MCP 的规范和协议 Schema 在 GitHub 上是开源的。通常，开源项目会在其仓库中包含 SECURITY.md 文件，提供项目的安全政策、如何报告漏洞等信息，这也属于与官方相关的安全维护信息。

针对 3.1.1 节介绍的 MCP 漏洞，Invariant Labs 在其博客文章中也提出了以下降低风险的策略。

（1）**清晰的 UI 模式**。设计直观的用户界面，明确展示工具的功能和权限，使用户能够更好地理解代理的行为。

（2）**工具和包锁定**。实施机制以锁定已批准的工具和依赖包，防止其在连接建立后被恶意修改。

（3）**跨 MCP Server 保护**。针对涉及多个 MCP Server 的场景，开发相应的安全措施，例如对来自不同 MCP Server 的工具描述进行一致性验证。

（4）**用户谨慎**。强调用户在连接到第三方 MCP Server 时保持警惕，并审查其提供的工具描述。

以上给出的是针对 MCP 安全问题的部分解决策略。MCP 自问世至今，作为一个初生的技术应用，其安全边界与潜在问题仍有待在实际运行中进一步识别和解决。

任何新技术在初期都可能面临挑战。MCP 获得了业界顶尖 AI 巨头们的鼎力支持，正是凭借这些行业领导者的深厚技术积累、对安全的坚定承诺以及强大的研发能力，MCP 得以快速成长。在业界的共同努力下，MCP 会更加完善，所有已知和未知的安全问题都将得到高度重视并被积极解决，确保平台能够为用户提供安全、稳定的服务体验。

第二篇　支持 MCP 的相关平台与工具

MCP 作为一项创新性模型上下文协议，自其推出以来发展轨迹十分清晰。从最初的市场反响平平，到如今在科技领域掀起热潮，MCP 已成为 AI 服务领域的重要技术标准。

目前，各大技术平台纷纷布局 MCP 服务赛道，致力于提高其市场份额和强化其用户基础。与此同时，专注于 MCP 服务集成的平台也应运而生，可以为用户提供多样化的集成解决方案。值得注意的是，智能体（Agent）构建平台领域的主要参与者也相继推出了 MCP 相关服务，进一步丰富了 MCP 的应用生态。

本篇将系统介绍当前支持 MCP 的相关平台与工具等资源，为读者提供全面的技术生态概览。

第 4 章
支持 MCP 的主流平台

随着 MCP 技术的不断发展，其在各大技术平台和智能体构建平台中的应用也日益广泛。本章将探讨当前支持 MCP 的主要平台。目前支持 MCP 的平台主要可以分为三大类：AI 编程平台、智能体开发平台和其他特色平台。

4.1　AI 编程平台

AI 编程平台，具体来说，是指一系列集成开发环境（IDE）平台，这些平台在支持机器学习和深度学习框架方面存在不同程度的差异。本节将重点介绍几个具有代表性的 AI 编程平台，例如 Cursor、Trae、Claude Code 等，这些平台通过提供丰富的库、工具和社区支持，极大地简化了 AI 模型的开发和部署过程。

▼ 4.1.1　Cursor——强大的智能编辑器

Cursor 是一个 AI 代码编辑器，进入 Cursor 后，单击右上角的"设置"按钮，然后单击左侧的"MCP"，最后单击右侧的 Add new global MCP Server 按钮，便可进行 MCP 配置，如图 4-1 所示。

图 4-1　Cursor 的 MCP 配置

Cursor 可以支持任意数量的 MCP Server，且支持标准输入输出流（STDIO）和服务器发送事件（SSE）传输。

总体来说，Cursor 对 MCP 有良好的支持，但在安装与配置环节，需要用户进行一定的手动操作；Cursor 对上下文的把握能力非常出色，检索功能也很强大，堪称 AI 编程的首选工具；Cursor 采用订阅制收费模式，在不启用 use-based 选项时，用户无须支付额外费用，但会受到一些限制，例如仅支持 40 个 MCP Tool、不支持 MCP Resource 以及远程开发功能。

4.1.2　Trae——高效的编程利器

Trae 是由字节跳动发布的人工智能原生集成开发环境（IDE），能够深度理解中文开发场景，基于"人与人工智能协作开发"的理念精心打造。Trae 具备自动完成多轮编程任务的能力，可以实时预测并续写代码片段，进而数倍提升编程效率。

进入 Trae 后，单击右上角的"我"，依次选择"AI 功能管理"→"MCP"，然后即可通过单击添加 MCP Server，之后便可在 Tare 中进行 MCP 配置，如图 4-2 所示。

图 4-2　Trae 的 MCP 配置

相比 Cursor 依赖第三方市场手动配置，Trae 内置了 MCP，仅需简单的操作便可实现 MCP 的使用。对国内用户而言，Trae 无疑是一款极为友好的入门工具。

4.1.3　Claude Code——智能的 AI 伙伴

　　Claude Code 是 Anthropic 提供的一个交互式智能编程工具，通过自然语言命令帮助用户更快地编写代码。其支持 MCP 集成以使用 Prompt 和 Tool，还可以作为 MCP Server 与其他客户端集成。在其配置文件中编辑便可直接使用，如下所示：

```
{
  "mcpServers": {
    "claude_code": {
      "command": "claude",
      "args": ["mcp", "serve"],
      "env": {}
    }
  }
}
```

4.1.4　Cline——轻巧的开发助手

　　Cline 是一个可以在 VS Code 中运行的自主编程智能体，可以编辑文件、运行命令、使用浏览器等，但 Cline 的每一步操作都需要用户手动确定。

　　使用 Cline，用户可通过市场搜索下载、远程服务器登录和本地安装这 3 种方式实现 MCP 的使用。

1. 市场搜索下载

　　在 MCP Servers 页面的 Marketplace 选项卡中搜索所需的 MCP Server，单击 Install 按钮进行下载，然后便可在 IDE 中使用 MCP 了，如图 4-3 所示。

图 4-3　市场搜索下载

2. 远程服务器登录

在 MCP Servers 页面 Remote Servers 选项卡中的 Server Name 处输入 mcp-server，并在 Server URL 处输入相应的地址，然后单击 Add Server 按钮，成功后，便可直接使用 MCP，如图 4-4 所示。

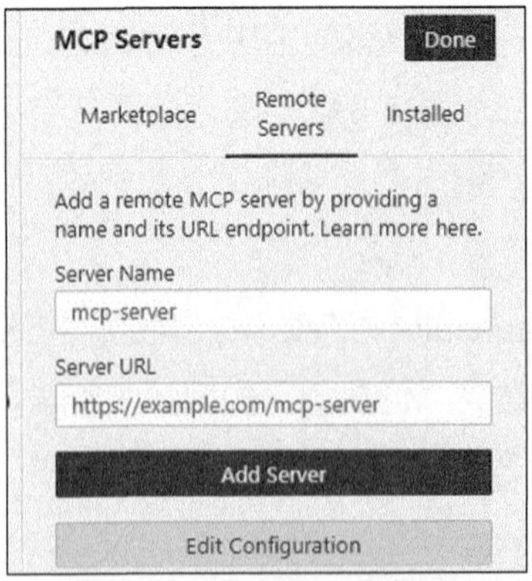

图 4-4　远程服务器登录

3. 本地安装

这种方式稍微复杂一些，需要在 MCP Servers 页面的 Installed 选项卡界面下方单击 Configure MCP Servers 按钮，在右侧界面中输入正确的代码，运行代码，系统会自动下载相关的需求，会显示在图 4-5 的 MCP Server 处显示相关内容，检测并通过后便可直接使用 MCP 服务了，如图 4-5 所示。

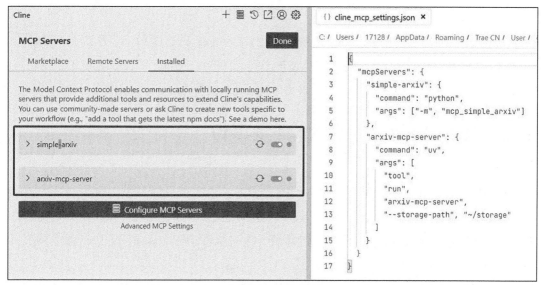

图 4-5 本地安装

Cline 可以通过自然语言创建和添加 Tool（例如"添加一个搜索网络的工具"），可以通过 ~/Documents/Cline/MCP 目录共享 Cline 创建的自定义 MCP Server，还可以显示配置的 MCP Server 及其 Tool、Resource 和错误日志。

▶ 4.1.5 Continue——全方位的助手

Continue 是一个开源的 AI 编程辅助工具，内置支持 MCP 的功能，其 MCP 配置如图 4-6 所示。

图 4-6 Continue 的 MCP 配置

Continue 可以通过直接输入 "@" 调用 MCP Resource；通过执行 "/" 命令调用 Prompt 模板；在聊天中可直接使用内置工具和 MCP 工具；支持 VS Code 和 JetBrains IDE 等。

4.2 支持 MCP 的智能体开发平台

在 MCP 不断推动人工智能应用拓展的背景下，众多智能体开发平台纷纷开始支持 MCP。随着 MCP 生态的持续繁荣，智能体开发平台也在不断创新和完善，未来有望为开发者带来更多更强大的功能和更优的开发体验，进一步推动智能体应用的广泛普及和深入发展。

本节将详细介绍支持 MCP 的主流智能体开发平台，包括扣子空间、阿里云百炼、百宝箱、纳米 AI 等。

4.2.1 扣子空间

扣子空间具备自动分析用户需求的功能，能够将其细分为多个子任务。用户只需提交需求，平台即可自主调用浏览器、代码编辑器等工具，最终生成完整的成果报告，如网页、PPT、飞书文档等，实现"从问题到解决方案"的一站式处理流程。扣子空间支持任务全流程自动化，可真正让智能体代为执行烦琐操作，并在几分钟内交付最终成果，帮助用户显著提升工作效率。具体的使用步骤如下所示。

（1）登录扣子空间主页，单击"扩展"功能按钮，即可使用 MCP 插件，如图 4-7 所示。

图 4-7 扣子空间

（2）添加"高德地图"扩展组件，如图 4-8 所示。

图 4-8 添加扩展

（3）返回主页面进行测试，例如询问某地的美食，并要求以 Markdown 格式列出来，如图 4-9 所示。

图 4-9 结果展示

可以看到，智能体调用了高德地图 MCP 中的工具进行查询，逐步思考并列举出店铺。

4.2.2 阿里云百炼

阿里云百炼于 2025 年 4 月正式推出了全生命周期 MCP 服务。该服务成功搭建了 LLM 与外部工具之间的信息传递通道，使得开发者无须为每个外部工具编写复杂的接口，从而让相关应用能够便捷地接入海量第三方工具。

登录阿里云百炼，单击顶部的"应用"，再单击左侧的"MCP 管理"，便可进行 MCP 管理，如图 4-10 所示。

图 4-10 阿里云百炼的 MCP 管理

阿里云百炼支持官方服务和自定义服务，若采用官方服务，则可以一键添加 MCP；若采用自定义服务，则需自行配置，如图 4-11 所示。

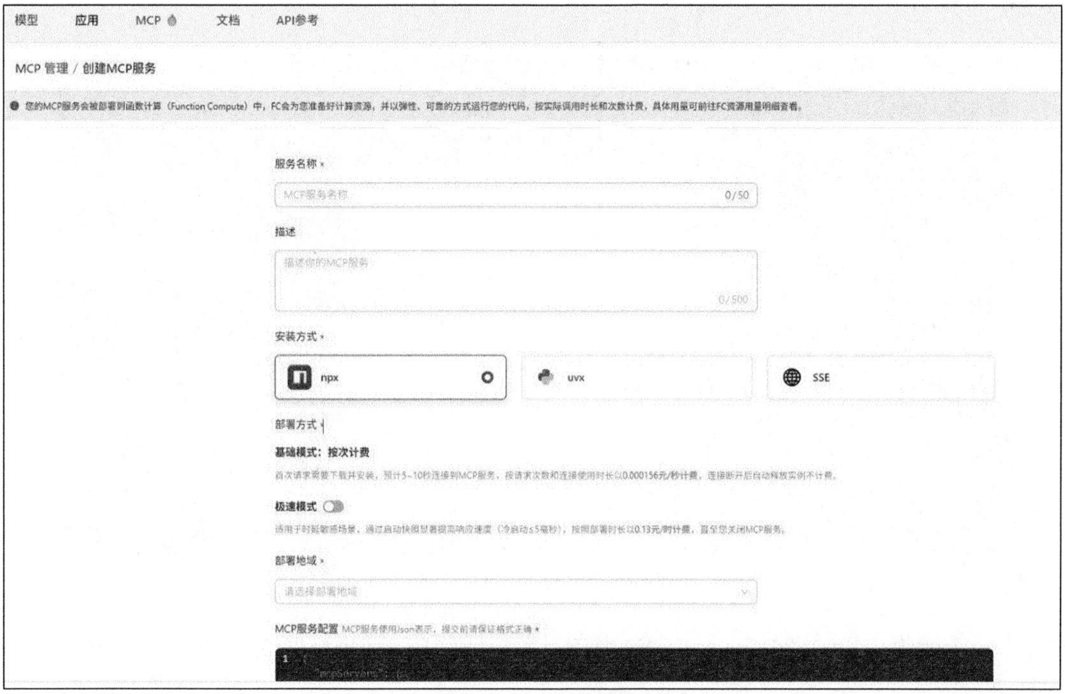

图 4-11　自行配置

在配置好 MCP 之后，便可在"应用管理"的"工作流应用"与"智能体应用"中使用 MCP，如图 4-12 所示。

图 4-12　使用 MCP

（1）**工作流应用**。进入"工作流应用"，在左侧工具栏中选择"MCP"，将其拖动到画布中，随后便可直接进行配置。选择 MCP 服务后，单击"确定"按钮便可使用相应 MCP 服务，如图 4-13 所示。这里每次只支持选择一个 MCP 服务。

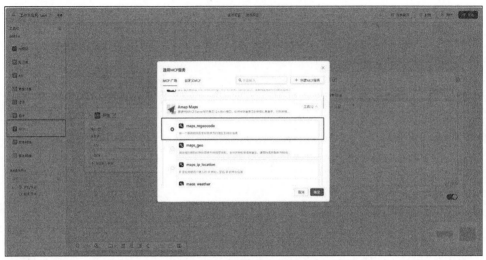

图 4-13　选择 MCP 服务

（2）**智能体应用**。相较于"工作流应用"中只能使用一个 MCP 服务，在"智能体应用"中可选择多个 MCP 服务，如图 4-14 所示。

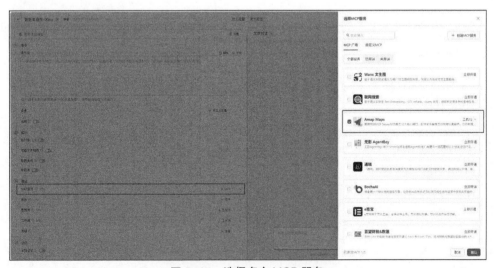

图 4-14　选择多个 MCP 服务

相比扣子空间中的选择 MCP 直接使用，阿里云百炼提供了更丰富的选择，可以让用户根据自己的需求，有针对性地创建工作流等。

4.2.3　百度智能云千帆 AppBuilder

百度智能云千帆 AppBuilder 现已全面兼容 MCP。用户可通过其 SDK 便捷地调用 MCP Server 生态中的丰富工具，迅速扩展本地和云端的工具库。此外，基于其 SDK 开发的组件也能无缝转换为 MCP Server 模式，方便其他开发者使用，从而实现组件的高效共享。

打开百度智能云千帆 AppBuilder，单击左侧导航栏中的"MCP 广场"，便可查看 MCP 服务，如图 4-15 所示。

图 4-15　MCP 广场

百度智能云千帆 AppBuilder 支持通过工作流创建组件，并一键发布为 MCP 服务（MCP Server），也可利用云函数进行创建并部署，具体操作如图 4-16 所示。

图 4-16　创建 MCP Server

百度智能云千帆 AppBuilder 支持在自主规划智能体和工作流智能体中使用 MCP 服务。

（1）**在自主规划智能体中使用 MCP 服务**。在个人空间创建自主规划智能体后，单击组件右侧的加号状按钮，然后在左侧导航栏中单击"MCP"进入 MCP 广场，按照指引完成配置后，便可直接使用 MCP 服务，如图 4-17 所示。

图 4-17　在自主规划智能体中添加 MCP 组件

（2）**在工作流智能体中使用 MCP 服务**。在个人空间创建工作流智能体后，添加 MCP Server 节点并配置，如图 4-18 所示。

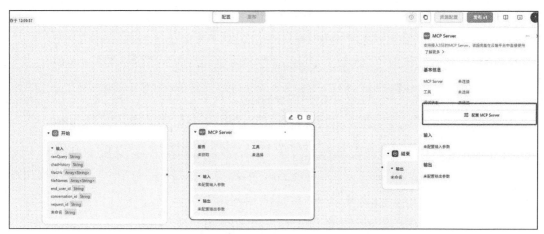

图 4-18　在工作流智能体中添加 MCP Server 节点

填写正确的 JSON 地址并按照提示完成授权后，单击"连接到 MCP Server"按钮，等待校验通过，如图 4-19 所示。

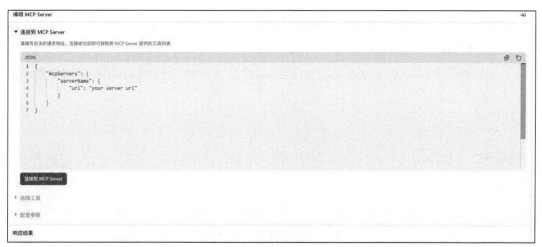

图 4-19　配置 MCP Server

校验通过后，界面中将展现工具列表，在其中选择需要使用的工具（仅支持单选），如图 4-20 所示。

工具名称	工具描述	操作
map_geocode	地理编码服务：将地址解析为对应的位置坐标,地址结构越完整,地址内容越准确,解析的坐标精度越高。	选择使用
map_reverse_geocode	逆地理编码服务：根据经纬度坐标,获取对应位置的地址描述,所在行政区划,道路以及相关POI等信息。	选择使用
map_search_places	地点检索服务：支持检索城市内的地点信息（最小到city级别）,也可支持圆形区域内的周边地点信息检索。城市内检索：检索某一城市内（目前最细到城市级别）的地点信息。周边检索：设置圆心和半径,检索圆形区域内的地点信息（常用于周边检索场景）。	选择使用
map_place_details	地点详情检索服务：地点详情检索针对指定POI,检索其相关的详情信息。通过地点检索服务获取POI uid。使用地点详情检索功能,传入uid,即可检索POI详情信息,如评分、营业时间等（不同类型POI对应不同类别详情数据）。	选择使用
map_distance_matrix	批量算路服务：根据起点和终点坐标计算路线规划距离和行驶时间。批量算路目前支持驾车、骑行、步行。步行时任意起终点之间的距离不得超过200KM,超过此限制会返回参数错误。驾车批量算路一次最多计算100条路线,起终点个数之积不能超过100。	选择使用
map_directions	路线规划服务：根据起终点'纬经度坐标'规划出行路线。驾车路线规划：根据起终点'纬经度坐标'规划驾车出行路线。骑行路线规划：根据起终点'纬经度坐标'规划骑行出行路线。步行路线规划：根据起终点'纬经度坐标'规划步行出行路线。公交路线规划：根据起终点'纬经度坐标'规划公共...	选择使用
map_weather	天气查询服务：通过行政区划或是经纬度坐标查询对应天气信息及未来5天天气预报（注意：使用经纬度坐标需要高级权限）。	选择使用
map_ip_location	IP定位服务：根据用户请求的IP获取当前所在位置,当需要知道用户当前位置、所在城市时可以调用此工具获取。	选择使用
map_road_traffic	实时路况查询服务：查询实时交通拥堵情况,可通过指定道路名和区域形状（矩形,多边形,圆形）进行实时路况查询。道路实时路况查询：查询具体道路的实时拥堵评价和拥堵路段、拥堵距离、拥堵趋势等信息。矩形区域实时路况查询：查询指定矩形地理范围的实时拥堵情况和各拥堵路段...	选择使用
map_mark	根据旅游规划生成地图规划展示,当根据用户的需求申请完旅游规划后,在给用户详细讲解旅游规划的同时,也需要使用该工具生成旅游规划地图。该工具只会生成一个分享用的url,并针对该url生成一个二维码便于用户分享。	选择使用

图 4-20 选择工具

配置工具输入参数，并选择输出格式，单击"发送"按钮，若响应结果显示通过，则说明 MCP Server 节点的配置完成了。

百度智能云千帆 AppBuilder 与阿里云百炼相似，其优势在于可以将创建的工作流一键转化为 MCP Server，方便了组件的高效共享。

▼ 4.2.4　百宝箱

百宝箱是由蚂蚁集团倾力打造的一站式智能体开发平台，旨在为开发者、商家及机构提供全方位支持，助力其高效构建、快速部署和广泛分发 AI 智能体应用。

百宝箱依托支付宝强大的生态体系，提供多样化的开发工具、插件及行业解决方案，支持接入多种主流 LLM，并拥有低代码/无代码开发功能，显著降低了智能体开发的门槛。

百宝箱推出了"MCP 专区"，全面支持各类 MCP 服务的部署和调用。开发者通过百宝箱,可调用支付宝、高德地图、无影等 30 余款 MCP 服务。

打开百宝箱后,单击"新建应用",选择"对话型",构建方式中的"简单构建"和"工作流"都支持 MCP,如图 4-21 所示。

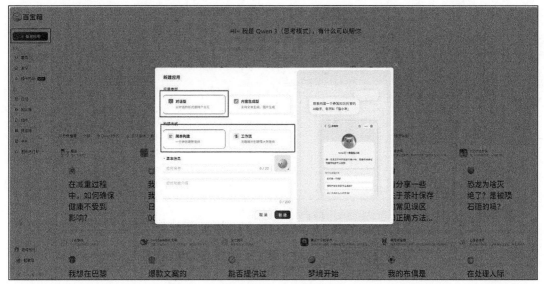

图 4-21　新建应用

(1)**简单构建**。创建智能体后,在应用编辑界面,从左侧菜单栏中选择"知识&技能",选择其中的插件,然后单击右侧的加号状按钮,即可添加新插件,如图 4-22 所示。

图 4-22　简单构建添加 MCP 插件

在弹出的"插件商店"界面中,切换到"MCP 插件专区",此处以图 4-23 所示的"支付宝 MCP Server(体验版)"为例,单击其右侧的下拉按钮,查看详细功能,确认无误后,单击右侧的"添加"按钮,即可完成插件的添加。

图 4-23 添加插件

（2）**工作流**。创建工作流后，进入应用编排界面。把左侧"节点"栏中的插件拖动到画布中，单击"MCP 插件"，然后在右侧界面选择相应的应用，即可完成插件的添加，如图 4-24 所示。

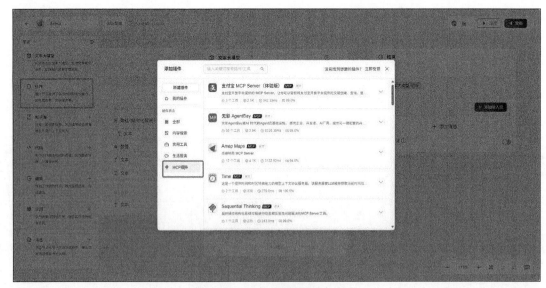

图 4-24 工作流添加 MCP 插件

百宝箱相较于前两者,其显著优势在于拥有独特的支付宝 MCP 功能,无须烦琐的 KEY 认证即可实现快速使用,在商业应用领域展现出广阔的拓展前景。

4.2.5　纳米 AI

纳米 AI 的 MCP 应用较为简单,目前只支持在简单智能体中应用。

登录纳米 AI 官方网站后,单击左侧导航栏中的"智能体",再单击右上角的"创建智能体",然后在"工具选择"中直接选择所需的 MCP 工具,如图 4-25 所示。

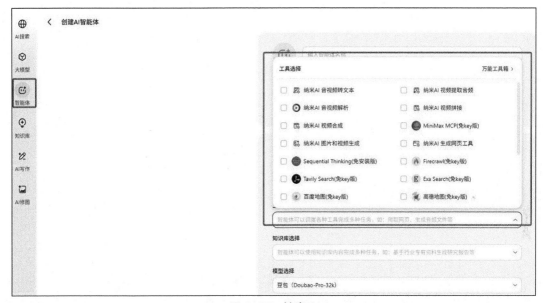

图 4-25　纳米 AI

相比之下,在纳米 AI 中使用 MCP 工具的操作较为简单,但目前只能使用已经上架的 MCP 工具,局限性较大。

4.2.6　n8n——开源神器

n8n 是一个开源、强大的工作流自动化工具,允许用户通过可视化方式连接不同的应用程序和服务。其将 AI 功能与业务流程自动化相结合，可以帮助开发者和非专业技术人员创建复杂的工作流，实现数据在不同系统间的自动传输和处理。

n8n 的工作流支持 MCP 服务，只需简单的步骤便可使用 MCP 服务，具体步骤如下。

（1）完成 n8n 的本地部署后，进入 n8n 设置界面，第一次使用需要进行账号创建。完成后，在工作流界面单击工具下方的加号状按钮，然后在界面右侧选择"MCP 客户端工具"，如图 4-26 所示。

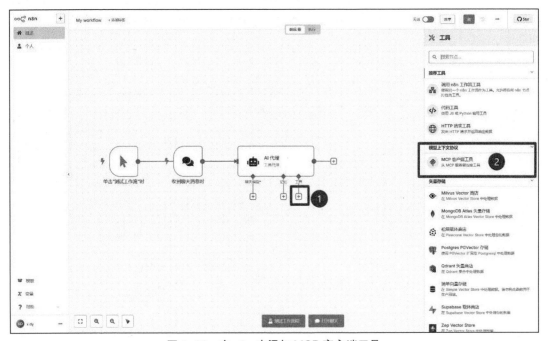

图 4-26　在 n8n 中添加 MCP 客户端工具

（2）配置相关参数。n8n 目前只支持 SSE 的 MCP 服务，所以只需填写 SSE 终端节点，便可完成配置，如图 4-27 所示。

完成上述步骤后，便可以在工作流界面看到添加好的"MCP 客户端工具"，如图 4-28 所示。

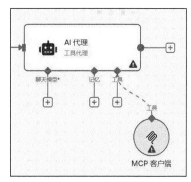

图 4-27　MCP 配置　　　　　　　　图 4-28　完成配置

4.2.7　Dify——本地私密

Dify 是一个开源的低代码/无代码 LLM 应用开发平台，兼容 Claude 3、OpenAI 等主流模型。该平台基于检索增强生成（Retrieval-Augmented Generation，RAG）架构，具备上下文记忆、多轮对话和插件调用功能。通过其可视化编排界面，开发者能够快速创建、部署和迭代 AI 应用。

该平台适用于构建智能客服、文档处理、内容生成等多种应用，支持私有化部署，满足企业对数据隐私和安全的要求。

完成 Dify 的本地部署后，进入其操作界面，单击右上角的"插件"按钮，依次选择"探索 Marketplace"→"智能体策略"，即可下载支持 MCP 的策略，如图 4-29 所示。

图 4-29　智能体策略

下载完成后，在工作流界面单击"添加节点"，切换到"工具"选项卡，选择"发现和调用 MCP 工具"，并单击左下角的加号状按钮，如图 4-30 所示。

完成相关配置并且通过授权后，便可使用 MCP 服务了，如图 4-31 所示。

图 4-30　发现和调用 MCP 工具

图 4-31　设置授权

4.3　其他特色平台

除了前述的 AI 编程平台和智能体开发平台，还有一些值得关注的平台在支持 MCP 方面展现出独特的优势和广泛的应用场景。这些平台从多个维度满足了开发者和企业对智能体应用开发的多样化需求，进一步丰富了 MCP 技术生态。

本节对 Claude Desktop、5ire、Cherry Studio 进行介绍。

4.3.1　Claude Desktop

Claude Desktop 为 MCP 提供全面支持，可实现 MCP 与本地工具和数据源的深度集成。打开 Claude Desktop 后，单击 Edit Config 按钮，完成配置后，便可直接开始使用，如图 4-32 所示。

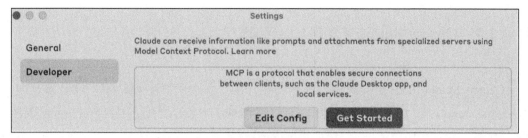

图 4-32　Claude Desktop

Claude Desktop 具有以下特点：第一，完全支持 Resource 功能；第二，可以附加本地文件和数据；第三，支持 Prompt 模板功能；第四，具备 Tool 集成功能，以执行命令和脚本；第五，提供本地 MCP Server 连接，有助于增强隐私性和安全性。

4.3.2　5ire——AI 助手

5ire 是一个支持通过 MCP Server 使用工具的开源跨平台桌面 AI 助手。完成本地部署后，在图 4-33 所示的界面中单击"Tools"，便可在右侧界面进行 MCP 服务的配置，如图 4-33 所示。

图 4-33　5ire

5ire 内置的 MCP Server 可以快速启用和禁用，用户可以通过修改配置文件添加更多的 MCP Server；5ire 开源且用户友好，适合初学者，对 MCP 的支持会持续改进。

4.3.3　Cherry Studio——AI 百宝箱

Cherry Studio 是一款由我国自主研发的开源、多模型服务桌面客户端工具，兼容 Windows、macOS 和 Linux 等多个平台。该工具集成了 OpenAI、Gemini、Anthropic 等主流 AI 云服务，并支持通过 Ollama 集成本地模型运行，以保障数据隐私安全。Cherry Studio 内置 300 余项预配置的 AI 助手，覆盖写作、编程、翻译、设计等多个领域，同时支持用户自定义助手功能。

Cherry Studio 支持通过 RAG 技术构建知识库，可供用户上传 PDF、DOCX、网页等文件，支持多格式文件处理和 WebDAV 文件管理与数据备份。此外，Cherry Studio 还内置了智能翻译、代码高亮、Mermaid 图表可视化等实用工具，支持联网搜索等功能。

完成下载与安装后，打开 Cherry Studio ，单击左下角的"设置"图标，选择"MCP 服务器"，在右侧界面中完成相应的配置，便可使用 Cherry Studio，如图 4-34 所示。

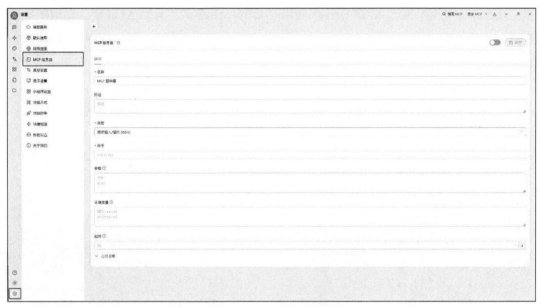

图 4-34　Cherry Studio

| 第 5 章 |

MCP Server 资源整理

当前，MCP Server 整合平台呈现出资源丰富、功能多样且各具特色的发展态势。国内方面，阿里云百炼、百度搜索开放平台、ModelScope 等平台为开发者提供了海量的 MCP Server 资源及便捷的使用途径；国外方面，Awesome MCP Server、Smithery 等平台同样展现出强大的资源整合能力和高效的使用体验。

这些平台不仅涵盖了云部署、本地端等多种部署方式，还涉及搜索工具、浏览器工具、开发者工具等众多领域，极大地满足了不同用户在多种场景下的需求。

本章将着重介绍 MCP Server 国内整合平台和 MCP Server 国外整合平台的相关内容。

5.1 MCP Server 国内整合平台

国内整合平台为 MCP Server 的使用和开发提供了多样化、便捷化的支持。这些平台不仅涵盖了云部署和本地端等多种部署方式，还提供了丰富的 MCP Server 资源，覆盖了从搜索工具、浏览器工具到开发者工具等多个领域，可满足不同用户的需求。

同时，部分平台还提供了在线测试、详细教程和集成指南等服务，帮助用户快速上手和深入使用 MCP 技术。下面介绍部分国内整合平台。

5.1.1 阿里云百炼 MCP 广场

在阿里云百炼中，切换到 MCP 页面，即可看到 MCP 广场。可以看到，其中包括云部署 MCP Server 和本地端 MCP Server，如图 5-1 所示。

图 5-1 阿里云百炼 MCP 广场

对于云部署 MCP Server，大部分是需要申请开通服务的（开通后可在阿里云百炼中直接使用），部分 MCP Server 需要付费使用。

本地端则稍微复杂一些，其安装方式在阿里云百炼中有详细介绍，配置完成后才可使用。

5.1.2 百度搜索开放平台

截至本书完稿，百度搜索开放平台目前已收录 7328 个 MCP Server，并根据功能划分为搜索工具、浏览器工具等 10 类，内容覆盖全面且丰富。其中，依托百度生态的独特 MCP 功能是其显著特色，如图 5-2 所示。

图 5-2　百度搜索开放平台

5.1.3　魔搭（ModelScope）平台

ModelScope 平台收录了绝大部分常见的 MCP Server，如图 5-3 所示。

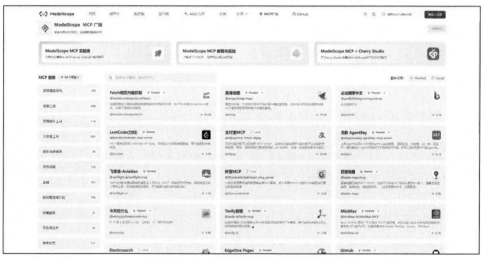

图 5-3　ModelScope 平台

相较于前面两个平台，ModelScope 提供了 MCP Server 的在线测试功能，可以将不同的模型与不同的 MCP Server 进行搭配，测试其适配程度，如图 5-4 所示。

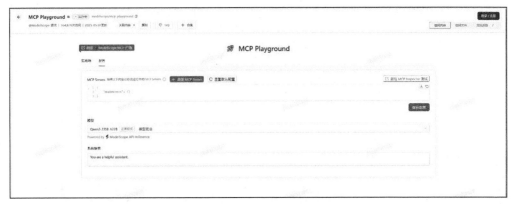

图 5-4　在线测试

ModelScope 还提供了详细的 MCP 教程以及在 Cherry Studio 中集成 ModelScope 托管的 MCP 服务的教程，内容简单、明了，可有效帮助初学者上手。

▼ 5.1.4　百宝箱

百宝箱的 MCP 广场现有几十个 MCP Server，其中"官方 MCP"是预部署好的，可满足用户开箱即用的需求；"社区 MCP"则须在部署后方可使用，如图 5-5 所示。

图 5-5　百宝箱

支付宝 MCP Server（体验版）堪称百宝箱中的明星功能，然而目前仍处于体验阶段，暂不支持正常收费转账等功能。期待未来完善后，能拓展更广泛的适用范围。

▼ 5.1.5　腾讯云开发者 MCP 广场

腾讯云开发者 MCP 广场专注于提供开发者工具的 MCP Server，如图 5-6 所示。用户可以在"开发者 MCP 广场"中查看具体的使用说明。

图 5-6　腾讯云 MCP 广场

腾讯云开发者 MCP 广场的一大优势在于其独家上线的 5 款腾讯产品 MCP，这是其他平台所不具备的，能够更精准地满足用户的需求。

5.2　MCP Server 国外整合平台

MCP Server 国外整合平台在推动 MCP Server 的应用与普及方面也发挥着至关重要的作用。这些平台提供了丰富的资源、集中的发现机制、托管服务以及标准化的接口，能有效简化开发者在 AI 系统开发过程中的工作流程。

MCP Server 国外整合平台不仅涵盖了从本地文件操作到复杂云服务的多种功能，还支持跨语言编程及安全工具部署，可满足企业级应用需求。其社区驱动的特性有效促进了知识共享与协作，进一步加速了 AI 生产力的提升，本节将对热度较高的 MCP Server 国外整合平台进行介绍。

▼ 5.2.1 Awesome MCP Server

Awesome MCP Server 是一个开源项目，汇集了 3000 余个 MCP Server，覆盖了浏览器自动化、金融、游戏、安全、科研等 20 多个垂直领域，为开发者提供了丰富的资源，有效推动了 AI 与外部系统交互的标准化，并使其便捷性得到显著提升。

读者可以在 GitHub 查找 Awesome MCP Server，其界面如图 5-7 所示。

图 5-7 Awesome MCP Server 界面

Awesome MCP Server 具有如下特点。

（1）**分类清晰**：将众多 MCP Server 按照功能类别进行详细划分，如聚合器、浏览器自动化、艺术与文化等，用户能快速定位到所需类型的 MCP Server。

（2）**服务全面**：涵盖从本地文件系统操作、数据库管理、云平台服务到各种场景应用（如金融、游戏、营销）等丰富多样的 MCP Server，可满足不同领域和场景下的需求。

（3）**支持中文**：提供中文版本的 README 文件，方便中文用户理解和使用，消除了语言障碍。

▼ 5.2.2　Smithery

Smithery 是一个 MCP Server 托管平台，基于 MCP 规范提供集中化的枢纽，用于发现、托管和分发 MCP Server，旨在简化 AI 系统的开发流程，提升可维护性和可扩展性，推动 AI 应用的创新和普及。图 5-8 所示为 Smithery 的界面。

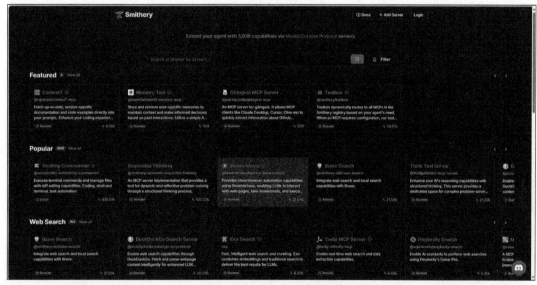

图 5-8　Smithery 的界面

Smithery 具有如下特点。

（1）**集中化发现**：为开发者提供集中化的平台，方便发现和选择符合 MCP 规范的 MCP Server。

（2）**托管与分发**：确保 MCP Server 的稳定运行，并支持全球范围内的分发。

（3）**统一接口**：基于标准化接口，简化 AI 系统与外部数据源和工具的集成过程。

（4）**灵活配置**：支持灵活的配置选项，可满足不同用户的集成需求。

（5）**易用性高**：提供了清晰的安装和使用指南，如与 Claude Desktop 集成的专门方法，以及网页抓取与搜索的简单操作步骤。

5.2.3 MCP.so

MCP.so 是一个专注于 MCP 的社区驱动平台，旨在帮助用户发现、分享和使用 MCP Server，让 AI 助手能够轻松连接各种外部数据和工具。图 5-9 所示为 MCP.so 的界面。

图 5-9 MCP.so 的界面

相较于其他平台，MCP.so 具有如下特点。

（1）**服务器浏览与搜索**：提供 MCP Server 列表，支持按类别或关键字查找，方便用户快速定位所需资源。

（2）**提交 MCP Server**：用户可通过 GitHub 提交自己的 MCP Server 链接，分享给社区，促进资源共享。

（3）**详细的 MCP Server 信息**：展示每个 MCP Server 的功能、用途和连接方式，帮助用户了解和使用 MCP Server。

（4）**社区支持**：链接到 Telegram 和 Discord 等社交平台，为用户提供高效交流和问题解答的渠道。

（5）**开源资源**：基于 GitHub 仓库，所有内容公开透明，用户可参与贡献，共同推动平台发展。

（6）**在线调试**：提供在线调试功能，用户可实时查看路由状态，提高开发效率。

5.2.4 MCP Run

MCP Run 是 GitHub 官方推出的一款 MCP Server 工具，旨在与 GitHub API 实现无缝集成，为开发者提供高效的自动化工作流支持。图 5-10 所示为 MCP Run 的界面。

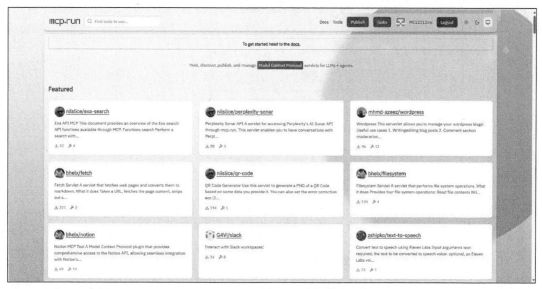

图 5-10 MCP Run 的界面

MCP Run 具有如下特点。

（1）**预置 MCP Server 即插即用**：提供多种预配置的 MCP Server，用户无须自行搭建，可直接部署并使用，支持快速集成外部工具，如数据库、API、爬虫等。

（2）**支持多种传输方式**：提供 STDIO 和 SSE 两种通信模式，适配不同场景需求。

（3）**易于扩展**：允许用户根据需求自定义 MCP Server 配置，支持动态添加和移除工具。

（4）**开源社区支持**：由全球开发者社区维护，提供丰富的文档、教程和示例代码。

（5）**高性能与安全性**：优化 MCP Server 性能，支持高并发请求，提供安全机制，保证数据传输和访问安全。

5.2.5 Model Context Protocol

Model Context Protocol 作为 MCP 的官方网站,提供了 MCP 的权威定义、架构、示例、教程等信息,强调数据安全和基础设施内的安全实践,旨在帮助开发者更好地理解并高效使用 MCP。图 5-11 所示为 Model Context Protocol 的界面。

图 5-11　Model Context Protocol 的界面

Model Context Protocol 具有如下特点。

(1)**权威性与可靠性**:提供的信息具有权威性和可靠性,是开发者了解 MCP 的官方渠道,可确保用户获取符合规范和标准的内容。

(2)**强调安全性**:注重数据安全和基础设施内的安全实践,为用户在使用 MCP 时提供了安全保障,提高了用户对 MCP 的信任度。

(3)**学习资源丰富**:提供丰富的学习资源,如快速入门指南、教程、工作坊等,帮助开发者快速上手 MCP 开发。

(4)**社区与支持**:提供多种渠道,如 GitHub 问题、组织讨论等,方便用户获取支持和反馈意见,促进社区交流和发展。

5.2.6 MCP Hub

MCP Hub 是一个统一管理平台，汇集了多个 MCP Server，并通过分组方式为不同应用场景提供独立的流式 HTTP（SSE）端点。图 5-12 所示为 MCP Hub 的界面。

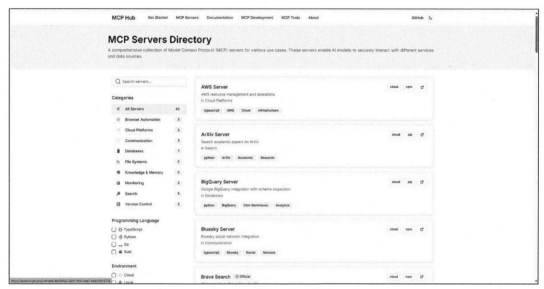

图 5-12　MCP Hub 的界面

MCP Hub 具有如下特点。

（1）**支持即插即用**：支持即插即用，无缝集成多种流行 MCP Server，如 amap-maps、playwright、fetch、slack 等。

（2）**集中化管理**：提供实时监控所有 MCP Server 状态和性能指标的统一管理控制台。

（3）**灵活协议处理**：同时支持 STDIO 和 SSE 两种底层通信方式。

（4）**动态配置**：支持无须停机即可动态添加、删除或更新 MCP Server。

（5）**分组访问控制**：可按需将服务器组织成组，简化权限管理。

（6）**安全保障**：内置基于 JWT[①]和 bcrypt 的用户管理及基于角色的访问控制。

（7）**容器化部署**：支持 Docker 部署，可快速启动。

（8）**易用性**：提供直观的用户界面，降低管理门槛。

---

① JWT：JSON Web Token 的缩写，这是一个开放标准，定义了一种紧凑的、自包含的方式，用于 JSON 对象在各方之间安全地传输信息。——作者注

5.3 社区

社区是指用户可针对 MCP 各类问题进行交流，并可为用户提供技术援助的平台。目前，主流的社区包括 GitHub、魔搭（Model Scope）、Discord 等。

5.3.1 GitHub 社区

GitHub 广为 IT 人员所熟知，其关于 MCP 的内容主要集中在"Awesome MCP Server"中，该项目是最受欢迎的集成项目之一，如图 5-13 所示。

图 5-13　GitHub 社区

Awesome MCP Server 在 GitHub 上已有近 5 万的收藏量，由几百位贡献者支持更新。

5.3.2 魔搭社区

魔搭社区的 MCP 大本营也支持社区服务，如图 5-14 所示。

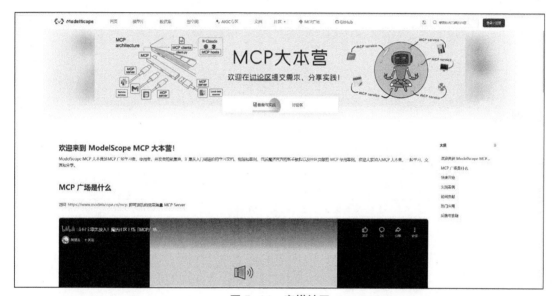

图 5-14 魔搭社区

魔搭社区提供 MCP 教程与实战指导，包含对 MCP 的详尽介绍及丰富示例，便于用户深入学习。此外，社区设有讨论区，方便成员进行问题交流与解答。

5.3.3 Discord 社区

在 Discord 社区，用户可以通过聊天、语音通话、视频通话等多种方式创建和加入各类社区的平台。这些社区以"服务器"的形式呈现，涉及游戏、兴趣小组、专业领域等多个主题。

用户可加入 Model Context Protocol 社区，通过 Discord 平台与其他用户互动交流。社区内设有实时更新的 MCP Server，供大家相互学习、分享经验，共同促进 MCP 技术的进步，如图 5-15 所示。

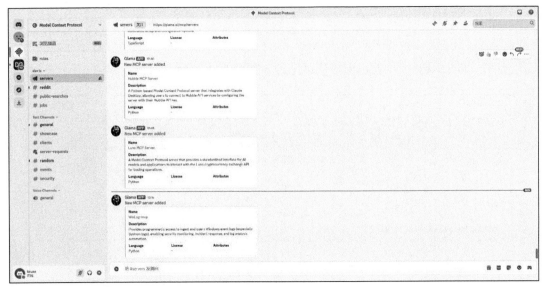

图 5-15　Discord 社区

第三篇　MCP 开发

前两篇深入探讨了 MCP 的理论基础以及生态系统中的主流工具平台等。

本篇将聚焦 MCP 的实践开发，引导读者动手开发 MCP Server 以及 MCP Client，并将 MCP Server 部署上线。

| 第 6 章 |

动手写一个 MCP

本章将基于开发实践，介绍 MCP Server 和 MCP Client 的完整开发流程。

MCP 开发目前支持 5 种主流编程语言：Python、TypeScript、Java、Kotlin 和 C#。为了使示例更具代表性且易于理解，本章将使用 Python 在 Windows 系统计算机上进行演示，详细说明开发的完整流程和关键步骤。对于希望使用其他语言进行开发的读者，请参考官方文档 https://mcp-docs.cn/quickstart/client，其中包含完整的配置指南和最佳实践。

6.1 搭建 MCP 开发环境

MCP 开发可以借助 uv 进行虚拟环境创建和依赖管理。uv 是新一代 Python 包管理工具，旨在替代传统的 pip、venv 和 pip-tools 工具链。得益于其采用 Rust 语言开发，相比传统工具，uv 具有显著的性能优势。

uv 不仅能够更快速地安装和管理 Python 包，还提供了完整的虚拟环境管理功能。uv 采用并行下载和智能缓存机制，大幅提升了依赖安装的速度。同时，uv 还提供了更精确的依赖解析和版本控制能力，能够有效避免依赖冲突问题。

▶ 6.1.1 安装 uv

安装 uv 可以采用如下两种方式。

（1）**使用 pip 安装**。如果计算机上已经安装了 pip，那么直接打开命令提示符窗口，使用以下命令安装 uv：

```
pip install uv
```

（2）**使用 Powershell 安装**。如果计算机上没有安装 pip，那么可以打开 Powershell 窗口，通过以下命令安装 uv：

```
powershell -ExecutionPolicy ByPass -c "irm https://astral.sh/uv/install.ps1 | iex"
```

▼ 6.1.2　uv 的基本命令

UV 工具的使用方法与 pip 极为相似，然而它具备更简洁的语法和更高效的执行性能。在日常开发中，我们主要会用到以下几个基本命令。

（1）在依赖管理方面，uv 沿用了 pip 的包安装语法。例如，安装单个包可以使用：

```
uv pip install requests
```

（2）对于虚拟环境的管理，uv 提供了简化的命令，如下所示：

```
uv venv myenv
```

（3）创建环境后，需要激活它才能使用。uv 提供的激活命令如下所示：

```
myenv\Scripts\activate
```

（4）当项目中有 requirements.txt 文件时，可以一次性安装所有依赖，命令如下：

```
uv pip install -r requirements.txt
```

（5）uv 也支持直接运行 Python 项目。当项目包含 pyproject.toml 配置文件时，只需一个命令就能完成依赖安装和脚本执行，如下所示：

```
uv run python script.py
```

这个命令实际上整合了传统方式中的两个步骤：先安装依赖，再运行脚本。

MCP 项目之所以推荐使用 uv 进行环境管理，主要基于以下两方面的考虑。

（1）MCP 项目通常依赖多个 Python 模块，uv 通过 pyproject.toml 提供了更现代化的依赖管理方案，能够更好地处理复杂的依赖关系。

（2）uv 优秀的依赖解析机制可以有效避免传统 pip 可能遇到的依赖冲突问题。最重要的是，uv 显著提升的包管理速度对于 MCP 这类需要频繁管理依赖的项目来说，能够明显改善开发体验。

6.2 构建一个 MCP Server

本节将构建一个用于查询天气服务的 MCP Server。在开始具体的搭建工作前，我们需要新建一个文件夹并将其命名为 example，并在命令提示符窗口中进入该目录。

6.2.1 项目初始化

现在开始配置 MCP 项目的开发环境。首先，在命令提示符窗口中使用 uv 进行项目初始化：

```
uv init
```

接下来，创建一个独立的虚拟环境来管理项目依赖：

```
uv venv
```

由于是在 Windows 系统下进行开发，因此使用以下命令进入虚拟环境：

```
.venv\Scripts\activate
```

6.2.2 环境配置

本例将通过 HTTP 请求来查询天气，因此需要安装几个核心依赖包，如图 6-1 所示。其中，依赖包 httpx 用于异步发起 HTTP 请求；依赖包 mcp 是使用 MCP 的必要前提。

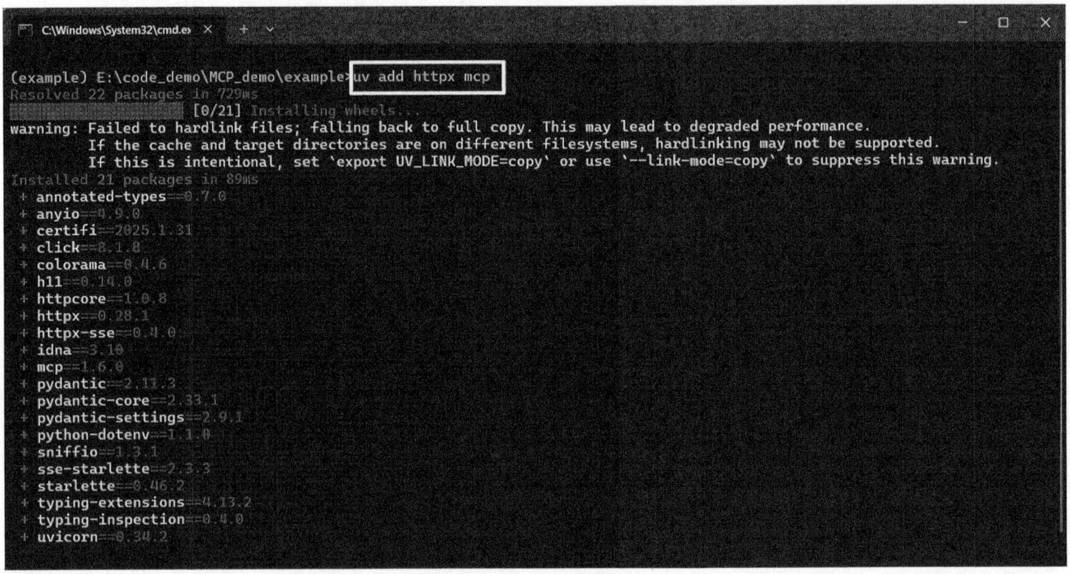

图 6-1 环境配置

6.2.3 构建 MCP Server

现在我们创建一个 weather.py 文件,实现向 OpenWeather 请求天气的功能。具体步骤如下。

(1) **导入依赖包**。导入这个项目所需的依赖包,代码如下:

```
1  import json#用于处理 JSON 格式的数据
2  import httpx#用于发送异步的 HTTP 请求
3  from typing import Any#用于导入类型提示工具
4  from mcp.server.fastmcp import FastMCP#导入 MCP 的 FastMCP 类
5  mcp = FastMCP("WeatherServer")  # 创建一个名为 "WeatherServer" 的实例
```

(2) **API 配置**。进行 OpenWeather 天气查询网站的 API 配置并明确通信地址,代码如下:

```
   # OpenWeather API 配置
6  OPENWEATHER_API_BASE = "https://api.openweathermap.org/data/2.5/weather"
7  API_KEY = "YOUR_API_KEY"   # 替换为自己的 OpenWeather API Key
8  USER_AGENT = "weather-app/1.0"
```

（3）**获取天气数据**。定义一个异步函数，用于向 OpenWeather 网站请求城市的天气信息，并对可能出现的状态异常进行处理，代码如下：

```
    # 定义一个查询天气的异步函数
9   async def fetch_weather(city: str) -> dict[str, Any] | None:
        """
        从 OpenWeather API 获取天气信息。
        :param city: 城市名称（需使用英文，如 Wuhan）
        :return: 天气数据字典，若出错返回包含 error 信息的字典
        """
        #HTTP 请求参数设置
10      params = {
11          "q": city,
12          "appid": API_KEY,
13          "units": "metric",
14          "lang": "zh_cn"
        }
        #HTTP 请求头设置
15      headers = {"User-Agent": USER_AGENT}
        #创建 HTTP 客户端
16      async with httpx.AsyncClient() as client:
17          try:
                #发送 GET 请求查询天气
18              response = await client.get(OPENWEATHER_API_BASE, params=params, headers=headers, timeout=30.0)
                #检查响应状态码，不是 2xx 则抛出异常
19              response.raise_for_status()
                #将响应的 JSON 数据解析为字典并返回
20              return response.json()
            #处理 HTTP 状态错误（如 404 等）
21          except httpx.HTTPStatusError as e:
22              return {"error": f"HTTP 错误: {e.response.status_code}"}
            #处理其他可能的问题
23          except Exception as e:
24              return {"error": f"请求失败: {str(e)}"}
```

（4）**数据格式化**。将网站返回的复杂结构数据转换为用户易读的文本输出，代码如下：

```
    # 定义一个名为 format_weather 的函数，用于处理天气数据
25  def format_weather(data: dict[str, Any] | str) -> str:
        """
        将天气数据格式化为易读文本。
        :param data: 天气数据（可以是字典或 JSON 字符串）
```

```
       : return:  格式化后的天气信息字符串
       """
       # 如果传入的是字符串,那么先将其转换为字典
26     if isinstance(data, str):
27         try:
28             data = json.loads(data)
29         except Exception as e:
30             return f"无法解析天气数据: {e}"
       # 如果数据中有错误信息,那么直接返回错误提示
31     if "error" in data:
32         return f"⚠ {data['error']}"
       # 提取数据时做容错处理,确保缺少数据也能正常工作
33     city = data.get("name", "未知")
34     country = data.get("sys", {}).get("country", "未知")
35     temp = data.get("main", {}).get("temp", "N/A")
36     humidity = data.get("main", {}).get("humidity", "N/A")
37     wind_speed = data.get("wind", {}).get("speed", "N/A")
       # weather 可能为空列表,因此先提供默认字典
41     weather_list = data.get("weather", [{}])
42     description = weather_list[0].get("description", "未知")
       # 使用 f-string 格式化字符串
43     return (
44         f"🌍 {city}, {country}\n"
45         f"🌡 温度:   {temp}°C\n"
46         f"💧 湿度:   {humidity}%\n"
47         f"🌬 风速:   {wind_speed} m/s\n"
48         f"☁ 天气:   {description}\n"
       )
```

(5)**使用 MCP 工具函数**。使用 MCP 装饰器封装一个工具,实现天气的查询以及结果的格式化,代码如下:

```
   # 使用 MCP 的装饰器将其标记为一个工具
49 @mcp.tool()
   # 定义一个异步函数并声明其用途
50 async def query_weather(city: str) -> str:
       """
       输入指定城市的英文名称,返回天气查询结果。
       : param city:  城市名称(需使用英文)
       : return:  格式化后的天气信息
       """
           # 调用查询天气函数
51     data = await fetch_weather(city)
           # 调用数据格式化函数
52     return format_weather(data)
```

（6）**主程序入口**。定义程序入口函数，启动 MCP 服务器，并指定使用 STDIO 作为通信方式，代码如下：

```
# 程序入口
53  if __name__ == "__main__":
# 以 STDIO 方式运行 MCP 服务器
54      mcp.run(transport='stdio')
```

▶ 6.2.4　在 Trae 中配置 MCP Server

6.2.3 节成功构建了一个能够查询天气的 MCP Server，接下来将该 MCP Server 配置到 IDE 中以便实际应用，此处在 Trae 上演示。

具体步骤如下。

（1）**在 Trae 中配置 MCP Server**。在 Trae 中将 MCP 的手动配置部分添加 MCP Server，然后就可以启动 MCP Server 了。这相当于执行命令"uv --directory E:\code_demo\MCP_demo\example run weather.py"。注意，需将示例中的文件夹路径替换为实际路径，具体操作如图 6-2 所示。

图 6-2　手动配置

（2）**测试 MCP Server**。现在测试一下 MCP Server 的效果，在对话界面中，输入"今天武汉天气怎么样"，随后可以看到 LLM 调用了 MCP Server，成功执行并返回了结果，如图 6-3 所示。

至此，查询天气的 MCP Server 就创建并在 Trae 上配置成功了。

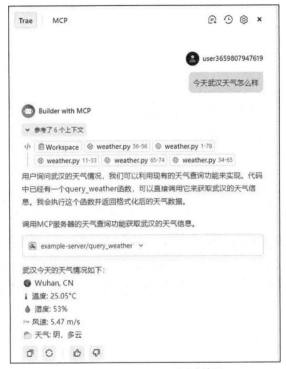

图 6-3　MCP Server 测试效果

6.3　构建 MCP Client

本节将在之前创建的 example 文件夹下构建一个 MCP Client。

▼ 6.3.1　环境配置

本例将开发一个接入 DeepSeek 模型的 MCP Client。为此，需要安装几个核心依赖包，如图 6-4 所示。

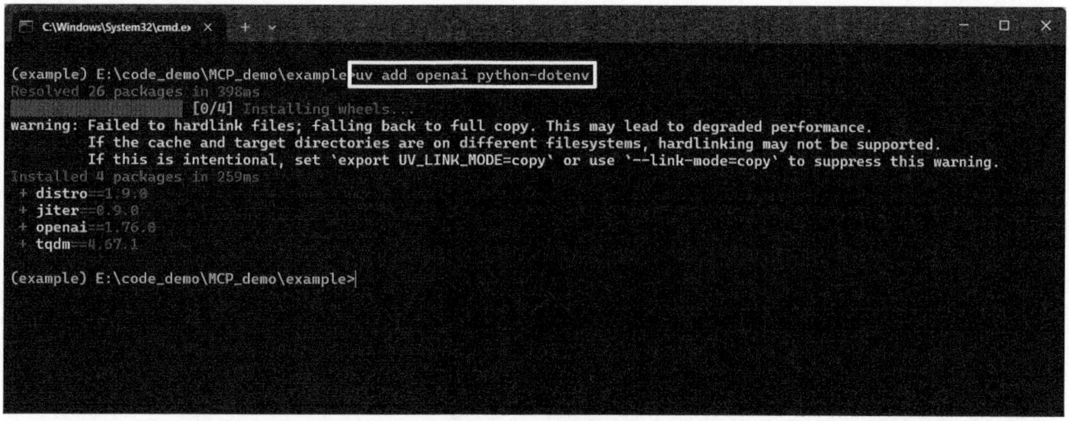

图 6-4　环境配置

其中，依赖包 openai 用于调用 OpenAI 风格 LLM 的 API；依赖包 python-dotenv 用于从环境变量中读取 API_KEY 信息，这样可以更安全并方便地管理 API 密钥。

6.3.2　模型配置

在项目的 API 访问配置中，采用环境变量进行管理是一种既安全又灵活的最佳实践。为此，我们需要在项目根目录下创建一个名为 ".env" 的文件，专门用于存储 API 的关键配置信息。

本例选择 DeepSeek 模型作为后端服务。由于 DeepSeek 采用了与 OpenAI 兼容的 API 格式，因此可以直接使用 OpenAI 的 SDK 进行接入。

打开.env 文件，设置 3 个关键的环境变量。首先是 api_key，这里需要填入从 DeepSeek 平台获取的 API 密钥；其次，设置 base_url 为 https://api.deepseek.com，这是 DeepSeek 的 API 服务器地址；最后，将 model 设置为 deepseek-chat，指定所要使用的模型版本，如图 6-5 所示。

图 6-5　环境变量配置

6.3.3 构建 MCP Client

现在创建一个 client.py 文件,实现与 LLM 通信以及和 MCP Server 通信的功能。

(1) **导入依赖包**。导入这个项目所需的依赖包,代码如下:

```
1  import asyncio#编写异步代码
2  import os#读取环境变量
3  import sys#用于与系统交互
4  import json#处理 JSON 数据
5  from typing import Optional#类型提示
6  from contextlib import AsyncExitStack#异步代码中动态的上下文管理
7  from openai import OpenAI#与 OpenAI 的 API 交互
8  from dotenv import load_dotenv#加载环境变量
9  from mcp import ClientSession, StdioServerParameters#管理 Client
10 from mcp.client.stdio import stdio_client#实现 Client 的通信
```

(2) **创建 MCP Client**。读取 .env 中的 api_key,以创建一个与 LLM 对话的 MCP Client 实例,代码如下:

```
   # 加载 .env 文件,确保 api_key 受到保护
11 load_dotenv()
12 class MCPClient:
13     def __init__(self):
14         """初始化 MCP 客户端"""
       #用于管理异步上下文
15         self.exit_stack = AsyncExitStack()
       # 读取 api_key
16         self.openai_api_key = os.getenv("api_key")
       # 读取 base_url
17         self.base_url = os.getenv("base_url")
       # 读取 model
18         self.model = os.getenv("model")
       # 检查 api_key
19         if not self.openai_api_key:
20             raise ValueError("✖ 未找到 OpenAI API Key")
       # 创建 OpenAI Client
21         self.client = OpenAI(api_key=self.openai_api_key, base_url=sel
22 f.base_url)
       # 初始化对话
23         self.session: Optional[ClientSession] = None
```

（3）**判断 MCP Server 的文件类型**。判断 MCP Server 的文件类型是.py 还是.js，并运行相应的命令，代码如下：

```
           #定义一个异步函数
24         async def connect_to_server(self, server_script_path: str):
           """连接到 MCP Server 并列出可用工具"""
           #判断 MCP Server 的文件类型
25             is_python = server_script_path.endswith('.py')
26             is_js = server_script_path.endswith('.js')
27             if not (is_python or is_js):
28                 raise ValueError("服务器脚本必须是 .py 或 .js 文件")
           #根据 MCP Server 的文件类型运行相应的命令
29             command = "python" if is_python else "node"
30             server_params = StdioServerParameters(
31                 command=command,
32                 args=[server_script_path],
33                 env=None
               )
```

（4）**列出连接的 MCP Server**。与 MCP Server 进行通信，并列出 MCP Server 上的工具，代码如下：

```
               # 启动 MCP Server 并建立通信
34         stdio_transport = await self.exit_stack.enter_async_context(stdio_client(server_params))
               # 将 stdio_transport 对象解包为两个部分
35             self.stdio, self.write = stdio_transport
36             self.session = await self.exit_stack.enter_async_context(ClientSession(self.stdio, self.write))
               # 初始化会话
37             await self.session.initialize()
               # 列出 MCP Server 上的工具
38             response = await self.session.list_tools()
39             tools = response.tools
40             print("\n 已连接到服务器, 支持以下工具: ", [tool.name for tool in tools])
```

（5）**向 API 发送请求**。通过 API 与 DeepSeek 进行通信，告诉它使用的模型、用户的问题以及可以使用的工具，代码如下：

```
41         async def process_query(self, query: str) -> str:
           """
```

```python
42              使用大语言模型处理查询并调用可用的 MCP 工具 ( Function Calling )
            """
            # 构建一个消息列表
43          messages = [{"role": "user", "content": query}]
            # 获取消息列表
44          response = await self.session.list_tools()
            # 格式化工具列表
45          available_tools = [{
46              "type": "function",
47              "function": {
48                  "name": tool.name,
49                  "description": tool.description,
50                  "input_schema": tool.inputSchema
                }
51          } for tool in response.tools]
            # 发送 API 请求
52          response = self.client.chat.completions.create(
53              model=self.model,
54              messages=messages,
55              tools=available_tools
            )
```

（6）**处理响应**。判断是否需要调用 MCP Server，并将结果返回终端，代码如下：

```python
            # 处理返回的内容
            # 获取模型的响应内容
56          content = response.choices[0]
            # 判断是否需要调用 MCP Server
57          if content.finish_reason == "tool_calls":
            # 如何需要使用工具，就解析工具
58              tool_call = content.message.tool_calls[0]
59              tool_name = tool_call.function.name
60              tool_args = json.loads(tool_call.function.arguments)
            # 执行 MCP Server
61              result = await self.session.call_tool(tool_name, tool_args)
            # 输出工具的调用信息用于调试
62              print(f"\n\n[Calling tool {tool_name} with args {tool_args}]\n\n")
            # 将模型返回的调用了何种工具的数据以及工具执行完成后的数据都存入 messages 中
63              messages.append(content.message.model_dump())
64              messages.append({
65                  "role": "tool",
66                  "content": result.content[0].text,
67                  "tool_call_id": tool_call.id,
                })
```

```
            # 将上面的结果再返回给大语言模型，用于生成最终的结果
68          response = self.client.chat.completions.create(
69              model=self.model,
70              messages=messages,
            )
            # 返回最终结果给终端
71          return response.choices[0].message.content
        # 如果不需要调用 MCP Server，则直接返回 DeepSeek 的结果给终端
72      return content.message.content
```

（7）**交互式聊天循环**。创建一个可以连续对话的 MCP Client，代码如下：

```
73  async def chat_loop(self):
        """运行交互式聊天循环"""
74      print("\n🐻 MCP 客户端已启动！输入 'quit' 退出")
        # 创建无限循环聊天
75      while True:
76          try:
77              query = input("\n你：").strip()
                # 用户输入 quit 就退出循环
78              if query.lower() == 'quit':
79                  break
                # 执行对话
80              response = await self.process_query(query)
81              print(f"\n🐻 OpenAI：{response}")
            # 发生错误后的异常处理
82          except Exception as e:
83              print(f"\n⚠ 发生错误：{str(e)}")
    # 退出时清理资源
84  async def cleanup(self):
        """清理资源"""
85      await self.exit_stack.aclose()
```

（8）**定义主程序入口**。定义一个主函数，以此作为程序的入口，代码如下：

```
86  async def main():
    # 检查是否启动了 MCP Server
87      if len(sys.argv) < 2:
88          print("Usage: python client.py <path_to_server_script>")
89          sys.exit(1)
    # 创建 MCPClient 类的实例
90      client = MCPClient()
91      try:
```

```
    # 连接服务器
92          await client.connect_to_server(sys.argv[1])
    # 开始聊天循环
93          await client.chat_loop()
94      finally:
    # 确保执行清理工作
95          await client.cleanup()
    # 程序入口
96  if __name__ == "__main__":
97      asyncio.run(main())
```

6.3.4　MCP Client 与 MCP Server 的通信

接下来将演示如何让本地的 MCP Client 与 MCP Server 进行通信。具体步骤如下。

（1）**启动 MCP Client 和 MCP Server**。通过命令提示符窗口进入项目文件夹的虚拟环境，同时启动 MCP Client 和 MCP Server，命令如下：

```
uv run client.py weather.py
```

（2）**对话测试**。待 MCP Client 启动后，输入"今天武汉天气怎么样"并按 Enter 键，可以看到 MCP Client 会通过自动调用 MCP Server 来查询天气，并返回结果，说明 MCP Client 与 MCP Server 实现了通信，如图 6-6 所示。

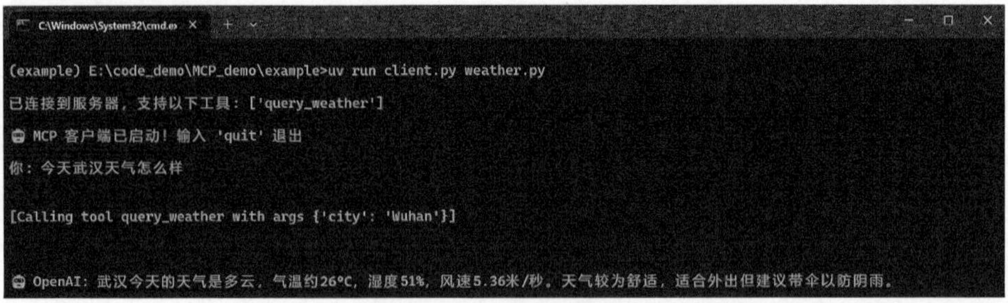

图 6-6　Client 窗口

| 第 7 章 |

MCP 开发进阶

在完成 MCP Client 和基于 STDIO 传输的 MCP Server 开发介绍之后,我们将开始探讨 MCP 开发的进阶内容。

本章将深入探讨两个核心主题:其一是 MCP Server 的调试技巧及基于服务器发送事件(SSE)的开发方法;其二是利用 OpenMemory 技术优化不同平台 LLM 间的交互效果,进而提升整体的开发体验。

7.1 MCP Server 调试工具

在 MCP Server 的实际开发过程中,我们无法确保代码能够一次性成功运行,可能会遇到各种问题。因此,在正式投入使用之前,我们需要对 MCP Server 进行调试。

MCP 提供了一款名为 Inspector 的工具,该工具可帮助我们高效地调试 MCP Server。

▶ 7.1.1 何为 Inspector

Inspector 是一款专为测试和调试 MCP Server 而设计的开发者工具。它提供了一个交互式界面,使得开发者能够连接并测试 MCP Server,查看及测试 MCP Server 所提供的各项功能,以及监控 MCP Server 的运行状态和日志信息。我们可以将其视为一种调试工具,类似于浏览器的开发者工具,只不过它是专门针对 MCP Server 而设计的。

7.1.2　快速上手 Inspector

Inspector 无须安装,可以直接通过 npx 来运行,这里以第 6 章中查询天气的 MCP Server（weather.py）为例进行说明。

通过命令提示符窗口进入项目文件夹，激活虚拟环境后执行启动命令，Inspector 将启动并运行在本地 6274 端口，如图 7-1 所示。

图 7-1　命令提示符窗口

7.1.3　Inspector 的功能概述

通过浏览器访问"localhost:6274"，单击左侧 Server 面板的 Connect 按钮，连接到服务器传输层，如图 7-2 所示。

图 7-2　Inspector 的 Server 面板

连接成功后，界面右侧的工具面板会显示 Resources、Prompts、Tools、Ping、Sampling 和 Roots 这 6 个选项卡，如图 7-3 所示。

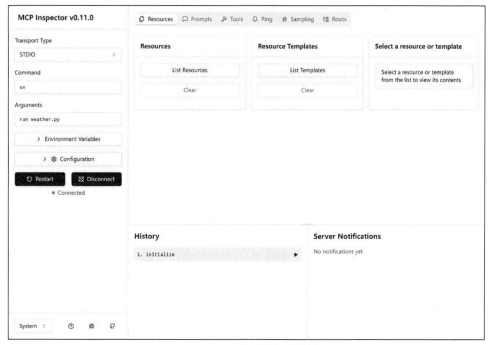

图 7-3　Inspector 的工具面板

1. Resources 选项卡

Resources 选项卡旨在向 LLM 展示数据和内容。其主要功能包括列出所有可用的 Resource、展示 Resource 的元数据（如类型和描述）、提供 Resource 内容的检查功能，以及支持订阅测试，如图 7-4 所示。

图 7-4　Resources 选项卡

2. Prompts 选项卡

Prompts 选项卡支持创建可复用的提示模板及工作流。其功能包括展示可用 Prompt 模板、显示 Prompt 参数与描述、启用自定义参数的 Prompt 测试、预览生成的消息，如图 7-5 所示。

图 7-5　Prompts 选项卡

3. Tools 选项卡

Tools 选项卡允许 LLM 通过 MCP Server 执行相关操作。该选项卡包含以下功能：列出可用的 Tool、展示 Tool 模式和描述、启用自定义的 Tool 测试、显示 Tool 的执行结果，如图 7-6 所示。

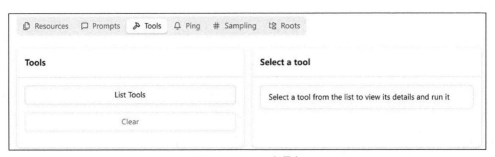

图 7-6　Tools 选项卡

4. Ping 选项卡

Ping 选项卡用于检测 MCP Server 的连通性。在 Ping 选项卡下，可以单击 Ping Server 按钮进行测试，如图 7-7 所示。

5. Sampling 选项卡

Sampling 选项卡允许 MCP Server 向 LLM 发起补全请求。在 Sampling 选项卡下，可以查看请求的记录情况，如图 7-8 所示。

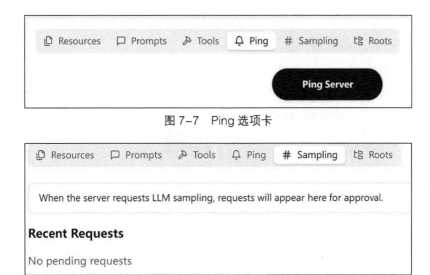

图 7-7　Ping 选项卡

图 7-8　Sampling 选项卡

6. Roots 选项卡

Roots 选项卡用于设定 MCP Server 的操作范围。在 Roots 选项卡中，用户可以添加本地文件路径，以指导 MCP Server 的具体操作，如图 7-9 所示。

图 7-9　Roots 选项卡

▼ 7.1.4　调试

本例用于查询天气的 MCP Server 属于 Tools。具体调试过程如下：进入 Tools 选项卡，单击 List Tools 按钮，可以看到下方列出了 query_weather 工具，单击此工具，在右侧界面的 city 框内输入 "Wuhan"，Tool Result 处即会显示 Success，其下方还会显示武汉的天气状况信息，如图 7-10 所示。

图 7-10 调试

7.2 MCP Server 的高级开发

完成基于 STDIO 传输协议的天气查询 MCP Server 的开发实践后,本节将进一步探讨 MCP Server 的高级开发——使用 SSE 技术进行开发。同时,还将介绍 MCP Server 的上线发布,以确保服务的稳定性和可用性。

▼ 7.2.1 基于 SSE 的 MCP Server 开发

为了提高开发效率,我们可以基于第 6 章开发的 MCP 项目进行迭代。在此之前,我们需要备份已有的 MCP 文件夹,然后在保留原有功能的基础上进行修改。

(1)**创建文件**。删除主目录下的 client.py 和 main.py 文件。创建 src 文件夹,将 weather.py 文件移入 src 目录,并在 src 目录下创建 __main__.py 和 __init__.py 文件。

(2)**代码编写**。先将 weather.py 文件中的最后一行代码 mcp.run(transport='stdio') 改为 mcp.run(transport='sse')。在 __main__.py 文件内增加如下代码:

```
from weather import main
main()
```

（3）**测试运行**。通过命令提示符窗口进入项目文件夹，激活虚拟环境后执行命令 `uv run ./src/weather.py` 运行 MCP Server，MCP Server 将运行在本地 8000 端口。新开一个命令提示符窗口，进入项目文件夹并激活虚拟环境，执行命令 `npx -y @modelcontextprotocol/ inspector uv run ./src/weather.py` 运行调试工具。在 Inspector 的 Server 面板选择 Transport Type 为 SSE，在 URL 处输入"http://0.0.0.0:8000/sse"，连接后在 Inspector 工具面板的 Tools 选项卡单击 List Tools 按钮即可看到工具列表。测试运行返回结果后，SSE 通信的 MCP Server 开发完成，如图 7-11 和图 7-12 所示。

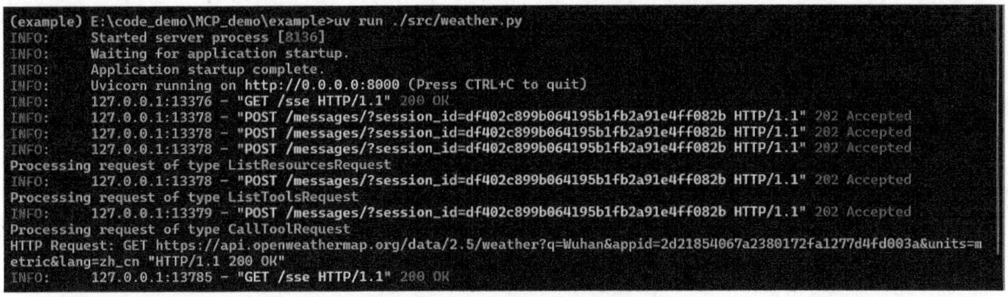

图 7-11 命令提示符窗口

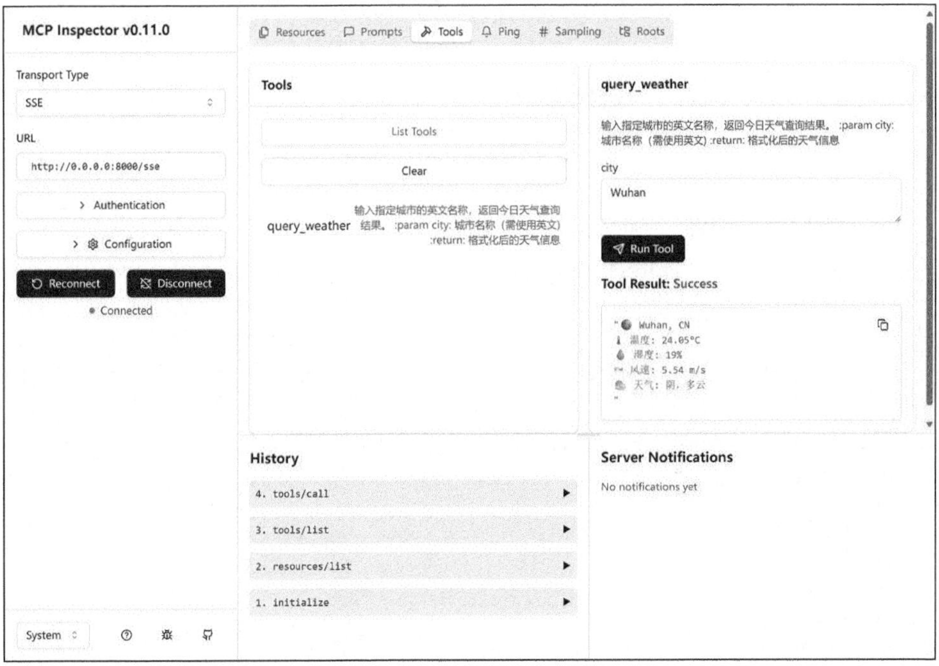

图 7-12 Inspector 面板

7.2.2 MCP Server 的上线发布

SSE 模式的 MCP Server 测试成功后,我们便可将其上线发布到 PyPI(Python Package Index)平台。PyPI 是 Python 官方的第三方包软件存储库,作为 Python 生态系统的重要组成部分,它担任着集中存储和分发 Python 包的关键角色。

接下来,我们将通过 PyPI 完成 MCP Server 的上线发布。具体步骤如下:

(1)**获取 API token**。登录 PyPI 官方网站,注册账号后在 Accout settings 选项卡内创建一个 API token,以备上线发布时使用,如图 7-13 所示。

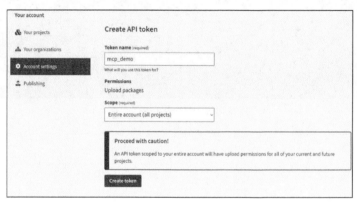

图 7-13 创建 API token

(2)**配置项目配置文件**。修改根目录的项目配置文件 pyproject.toml(此文件用于声明依赖的包和版本,在实际操作时请修改 name 以及[project.scripts]内的字段,以免因包名冲突而无法成功上传),增加以下代码:

```
1   [build-system]
2   requires = ["setuptools>=61.0", "wheel"]
3   build-backend = "setuptools.build_meta"
4   [project]
5   name = "my_weather_demo"
6   version = "0.1.5"
7   readme = "README.md"
8   requires-python = ">=3.10"
9   dependencies = [
10      "httpx>=0.28.1",
11      "mcp>=1.6.0",
```

```
12      "openai>=1.75.0",
13      "python-dotenv>=1.1.0",
14    ]
15    [project.scripts]
16    my_weather_demo = "weather: main"
17    [tool.setuptools]
18    package-dir = {"" = "src"}
19    [tool.setuptools.packages.find]
20    where = ["src"]
```

（3）**打包上线**。将准备好的文件打包，并将其发布到 PyPI 平台。

- 安装工具包。通过命令提示符窗口进入项目文件夹，并激活虚拟环境，安装 build 工具包和 twine 工具包。其中，build 工具包用于 Python 的构建，twine 工具包用于发布 Python 包到 PyPI 平台。命令如下：

```
uv pip install build twine
```

- 打包项目并上传。在命令提示符窗口执行命令 `python -m build` 打包项目。完成后执行命令 `python -m twine upload dist/*`，将项目上传到 PyPI 平台。根据提示输入 PyPI 平台的 API token 后即可完成上传，如图 7-14 和图 7-15 所示。上传完成后，任意计算机可以通过命令 `pip install my-weather-demo` 来将项目文件复制到本地加以使用。

图 7-14　输入 API token

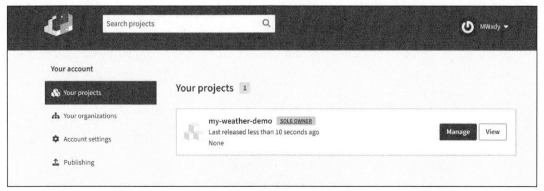

图 7-15　项目成功上传

7.3　MCP 共享记忆——基于 OpenMemory

各位读者是否经常遭遇"对话终止即失忆"的窘境？目前主流的 AI 助手及开发工具普遍存在信息孤岛现象——会话一旦结束，上下文记忆便瞬间清零。这极大地限制了工作效率的提升，且导致用户体验不佳。

针对上述问题，突破性的开源解决方案 OpenMemory 应运而生。OpenMemory 专门针对 AI 工具的"记忆难题"而设计，旨在实现跨平台上下文信息的智能共享与无缝衔接。

▼ 7.3.1　项目介绍

OpenMemory 的核心价值在于构建 AI 协作生态：用户可基于统一记忆中枢，先在 Claude 完成智能路径规划，随即无缝衔接至 Cursor 执行具体操作，利用两大工具通过 MCP 实现上下文信息的智能继承与数据流转。这种跨平台记忆延续机制，彻底打破了传统 AI 工具间的信息壁垒，使工作流程真正实现智能化贯通。

OpenMemory 项目介绍如图 7-16 所示。

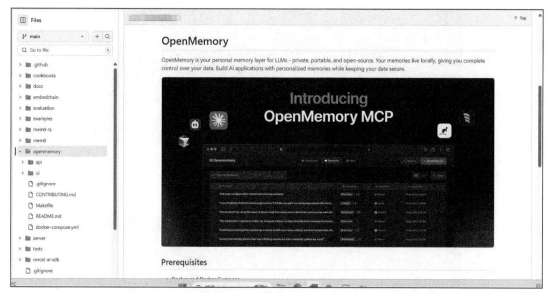

图 7-16 OpenMemory 项目介绍

7.3.2 部署设置

OpenMemory 的部署设置主要步骤如下。

（1）**项目部署**。从 GitHub 上复制 OpenMemory 的 MCP 源代码到本地计算机中，然后在命令提示符窗口执行以下命令，快速构建项目：

```
make build   # 构建 MCP Server
make up      # 运行 OpenMemory MCP Server
make ui      # 运行 OpenMemory 用户界面
```

执行上述命令后，将在 http://localhost:8765 上启动 OpenMemory MCP Server，可通过访问 http://localhost:8765/docs 查看 API 文档，同时 OpenMemory 的用户界面将在 http://localhost:3000 上运行。

（2）**项目测试**。在 OpenMemory 的用户界面，我们可以将其安装到 Claude、Cursor、Cline 等各个客户端。

将其安装到 Claude 的命令如图 7-17 所示。

图 7-17　Claude 安装命令

安装 Cursor 的命令如图 7-18 所示。

图 7-18　Cursor 安装命令

（3）**OpenMemory MCP 测试**。打开 Claude 的客户端，输入以下的文字，让 Claude 上记住作者 Mem0 的相关信息。可以看到，Claude 成功存入了记忆，如图 7-19 所示。

I'm Deshraj Yadav, Co-founder and CTO at Mem0(f.k.a Embedchain). I am broadlyinterested in the field of Artificial Intelligence and Machine Learning Infrastructure.Previously, I was Senior Autopilot Engineer at Tesla Autopilot where I led the Autopilot's AI Platform which helped the Tesla Autopilot team to track large scale training and modelevaluation experiments, provide monitoring and observability into jobs and training cluster issues.

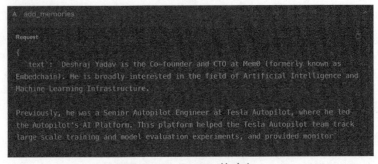

图 7-19　Cluade 的响应

回到 OpenMemory 的用户界面，可以看到，OpenMemory 已经获取了之前通过 Claude 保存的所有信息，如图 7-20 所示。

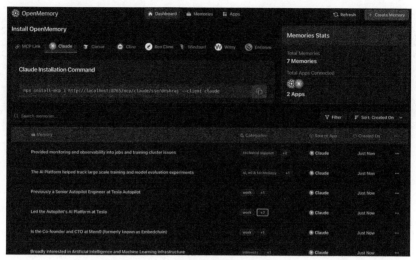

图 7-20　OpenMemory 存储记忆

在 Cursor 的用户界面，输入"Fetch everything you know about me from memories"，查询关于"我"的信息。可以看到，Cursor 调用了 OpenMemory MCP 的 list_memories 工具，并成功返回了结果，如图 7-21 所示。

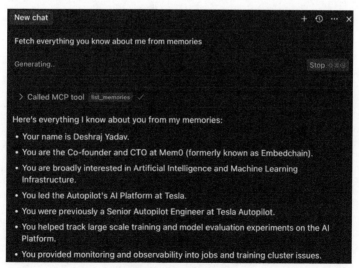

图 7-21　Cursor 测试

访问 OpenMemory 的用户界面的控制面板，进入 Apps 页面。可以看到，Claude 创建了 7 条记忆，Cursor 访问了 7 条记忆，如图 7-22 所示。

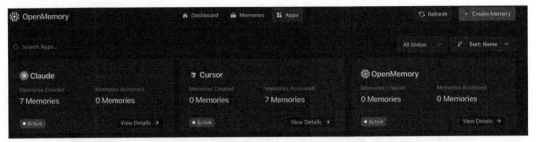

图 7-22　OpenMemory 的 Apps 页面

第四篇　基于 MCP Server 的应用实战

前 3 篇系统阐述了 MCP Server 的基本概念、配置管理及其核心功能模块。通过对这些基础知识的深入学习，相信读者已基本掌握了 MCP Server 的使用方法和配置技巧。

本篇将着重探讨 MCP Server 的高级应用场景，涵盖在 IDE 中的运用、日常生活中的实践、个人效率提升以及办公效率优化等方面。这将助力读者更高效地在实际生活和工作中应用 MCP Server，充分挖掘其在生活和企业管理中的潜力。

| 第 8 章 |

基于 MCP Server 的 IDE 应用实战

本章将把视野转向 MCP Server 在实际应用场景中的具体实践——IDE 中的应用。IDE 作为开发者的核心工作平台,将 MCP Server 集成其中,这样不仅能够提升开发效率,而且能为开发者提供更智能、更便捷的辅助功能。

本章将以实际案例为导向,详细探讨如何在 IDE 中优雅地集成和使用 MCP Server,以及如何增强 IDE 的功能。

8.1 在 Cline 上应用 MCP Server 的案例

Cline 是一款集成于 VS Code 的 AI 编程助手,有助于提升开发效率。它具备自动生成代码、执行终端命令、辅助 Web 开发等功能,并支持多种编程语言。此外,Cline 还能通过无头浏览器[①]进行交互操作,为开发者提供调试和优化应用的便捷工具。

接下来将介绍如何在 Cline 中接入 GitHub MCP,以实现仓库的高效查询与管理,并利用 Figma MCP 快速完成原型设计。

▶ 8.1.1 基于 GitHub MCP 的仓库查询管理

在开发项目的某些特定场景下,我们需要查询 GitHub 上的相关项目。针对这一需求,

---

① 无头浏览器是指未配置图形用户界面(GUI)的 Web 浏览器。——作者注

我们可以借助 GitHub MCP 工具，自动化地实现查询操作。

GitHub 上的 GitHub MCP Server 项目界面如图 8-1 所示。

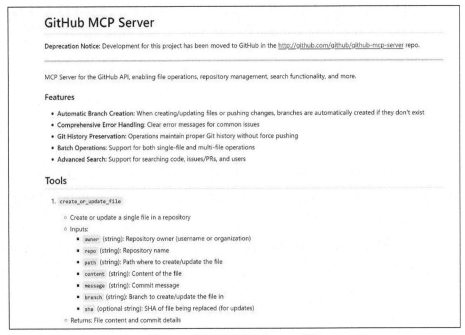

图 8-1　GitHub MCP Server 项目

1. 获取 GitHub API

我们需要通过 GitHub 的 access token 来授权 Cline 对代码仓库的访问权限。访问开发者设置页面，单击 Tokens(classic)，再单击右上角的 Generate new token 下拉列表框，选择 Generate new token(classic)，如图 8-2 所示。

图 8-2　创建 access token

随后为此 token 勾选所有权限，如图 8-3 所示，单击 Generate token 按钮，保存生成的 access token。

图 8-3　配置 access token 权限

2. 配置 GitHub MCP

以 Windows 系统为例，在 Cline 中的 Configure MCP Server 内输入图 8-4 所示代码，注意将<YOUR_TOKEN>字段替换为上一步中获取的 access token，使用右键选择保存代码（或者按 Ctrl+S 组合键）。此时可以看到 VS Code 页面左侧出现了名为"github"的 MCP Server。单击 Configure MCP Servers 按钮。

3. 测试 GitHub MCP

进入测试环节。在 Cline 的对话框内输入"我的名字是×××，我的 GitHub 上面有哪些仓库"，可以看到 Cline 会调用刚刚添加的 GitHub MCP 里面的 search_repositories 工具进行查询，并返回结果，如图 8-5 和图 8-6 所示。

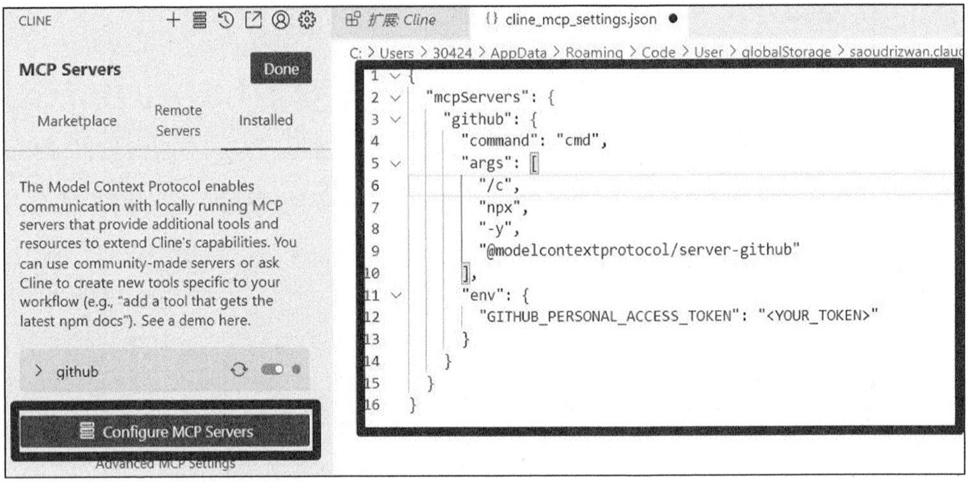

图 8-4 配置 GitHub MCP

图 8-5 进行测试

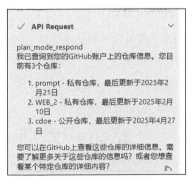

图 8-6 返回结果

8.1.2　基于 Figma MCP 的原型设计

在现代前端开发流程中，Figma 作为业界领先的 UI/UX 原型设计工具，已成为设计师与开发者之间的重要桥梁。然而，在传统的从设计到开发的转换过程中，如何确保最终实现的网页界面与设计原型保持高度一致，一直是一个难以解决的难题。

要解决上述问题，我们可以借助 Figma MCP 来提升界面还原的精确度，同时优化整个开发工作流程，实现提高产品质量和用户体验的效果。

Figma MCP 的项目界面如图 8-7 所示。

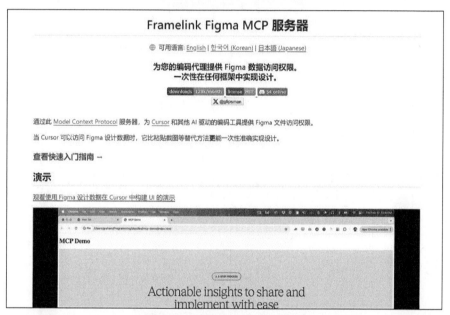

图 8-7　Figma MCP 项目界面

1. 获取 Figma token

配置 Figma MCP 时，需要填入 Figma token。登录 Figma 官方网站，在界面左侧单击用户头像，即可看到弹出的 Figma 用户设置菜单，如图 8-8 所示。在该菜单中，选择"Settings"选项进入账号设置界面。

进入账号设置页面后，在顶部导航栏中找到并单击 Security 选项卡，然后单击 Generate new token 按钮，进入令牌创建流程，如图 8-9 所示。

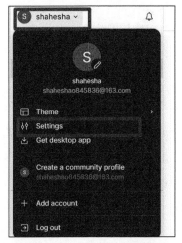

图 8-8　Figma 用户设置菜单

图 8-9　Security 选项卡

在令牌创建界面中,系统会要求我们设置令牌名称并配置相关权限,以确保后续操作过程中 Figma MCP Server 顺利进行。我们建议在配置权限时选择最完整的访问权限。

完成配置后,单击界面下方的 Generate token 按钮,即可生成访问令牌,如图 8-10 所示。

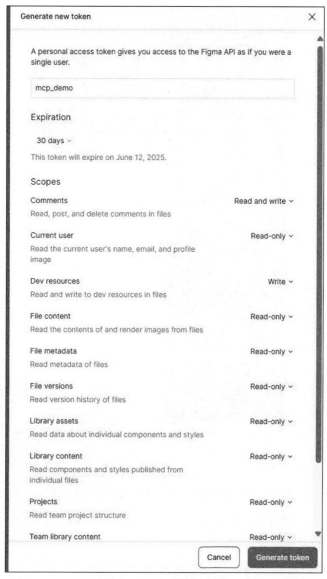

图 8-10　生成访问令牌

2. 获取 Figma UI 页面链接

打开一个已完成的 Figma 的原型设计，在页面中单击右键，从弹出的菜单中依次选择 Copy/Paste as→Copy link to selection 命令，即可保存此链接，以备在后续设计时使用，如图 8-11 所示。

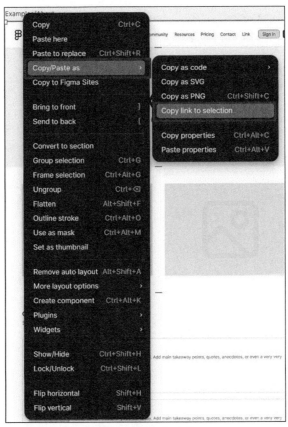

图 8-11 保存链接

3. 配置 Figma MCP

进入 Cline 的 MCP Server 配置页面，输入图 8-12 所示代码，注意将<YOUR-KEY>替换为我们在第一步中获取到的 Figma token，此时 Cline 的 MCP 列表中将出现 Figma MCP。

4. 测试 Figma MCP

在 Cline 对话框内输入"在本目录下初始化 vue，并用 vue 架构 1∶1 地复现 https://www.figma.com/design/GZx9RGDi0YsuDjQvVWde4h/Untitled?node-id=5-1480&t=guE5XqudCIcBk

KE6-4 这个页面，该链接为第二步中获取到的 Figma 的页面链接。"随后可以看到，Cline 调用了 Figma MCP 的 get_figma_data_cmd 和 download_figma_images_cmd 工具，如图 8-13 所示。

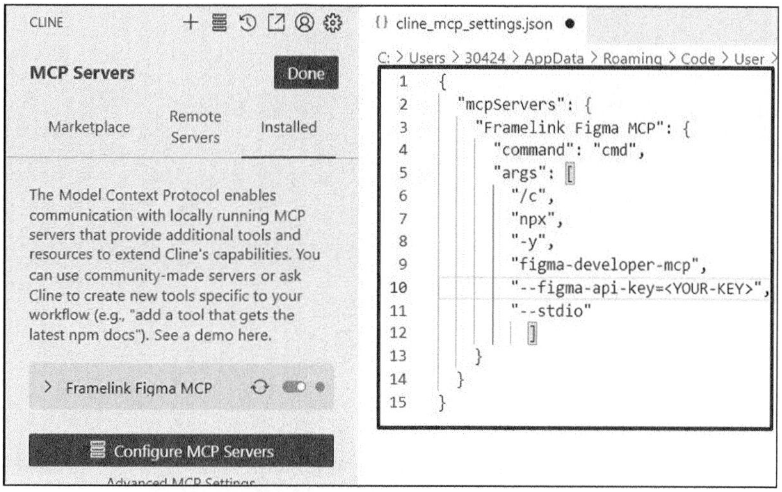

图 8-12　配置 Figma MCP

图 8-13　Figma MCP 工具调用

现在查看 Cline 最终自动生成的网页的效果，如图 8-14 所示，左侧显示的是在 Figma 上设计的原型，右侧显示的是 Cline 生成的网页，可以看到网页还原度非常高。

124 ｜ MCP 极简开发

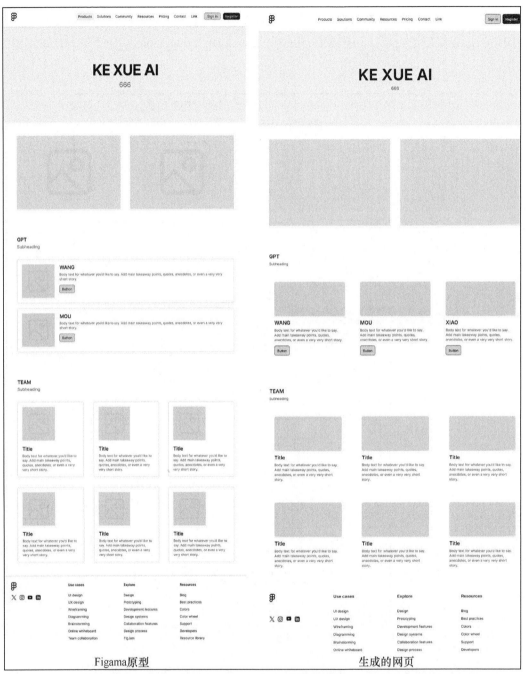

图 8-14　Figma MCP 效果对比

8.2 在 Trae 上应用 MCP Server 的案例

本节将演示如何在 Trae 中配置 MCP Server，以提高开发效率。

Trae 是字节跳动推出的一款 IDE，旨在提升开发效率。它集成了 AI 功能，可以自动生成代码、辅助调试，并支持多种编程语言。此外，Trae 还能通过 AI 模型进行智能分析，帮助开发者优化应用和提升工作效率。

▼ 8.2.1 基于 ArXiv MCP 的论文查找和下载

在学术研究中，查找和下载论文是不可或缺的环节。本节将介绍一款强大的 MCP 工具，帮助读者快速检索论文并实现轻松下载，进而提高学术研究的效率。

ArXiv MCP 是一个可以进行论文搜索、读取以及下载的工具，其项目界面如图 8-15 所示。

图 8-15 ArXiv MCP 项目界面

1. 配置 ArXiv MCP

在配置 ArXiv MCP 之前，需要在命令提示符窗口执行命令安装所需的依赖包，如图 8-16 所示。

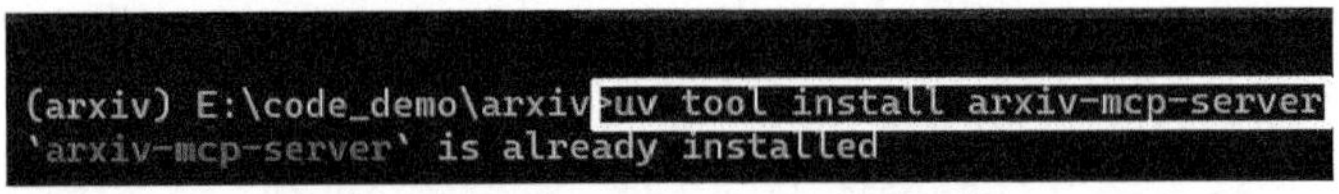

```
(arxiv) E:\code_demo\arxiv>uv tool install arxiv-mcp-server
'arxiv-mcp-server' is already installed
```

图 8-16　安装 ArXiv MCP 依赖包

打开 Trae 的 MCP 配置页面，在"手动配置"界面输入 MCP Server 的配置代码，注意将"E:\\code_demo\\arxiv"替换为实际想要保存论文的路径，如图 8-17 所示。

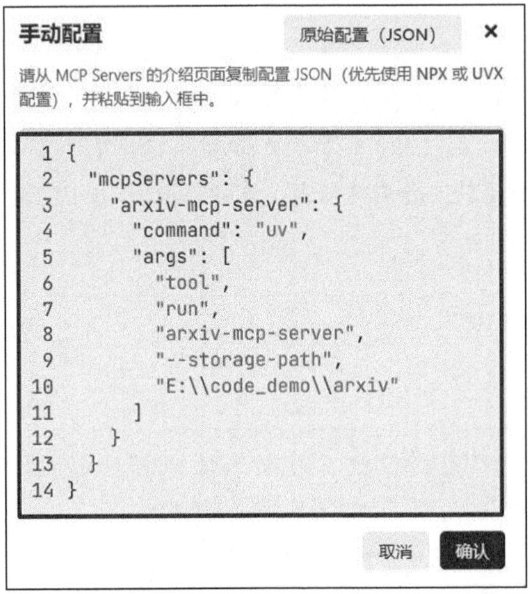

```json
{
  "mcpServers": {
    "arxiv-mcp-server": {
      "command": "uv",
      "args": [
        "tool",
        "run",
        "arxiv-mcp-server",
        "--storage-path",
        "E:\\code_demo\\arxiv"
      ]
    }
  }
}
```

图 8-17　配置 ArXiv MCP

2. 测试 ArXiv MCP

在 Trae 对话框内输入"帮我搜索 5 篇关于大语言模型的最新论文，并将这 5 篇论文的概要和研究方法放在本目录下的一个 md 文件里面"。可以看到，Trae 通过调用 ArXiv MCP 下面的 arxiv-mcp-server/search_paper 工具来查询论文，如图 8-18 所示。

继续输入下载论文的要求，可以看到，Trae 通过调用 arxiv-mcp-server/download_paper 工具下载了论文，如图 8-19 和图 8-20 所示。

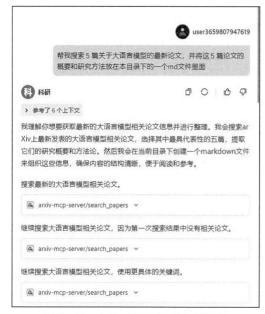

图 8-18　ArXiv MCP 调用查询工具

图 8-19　ArXiv MCP 调用下载工具

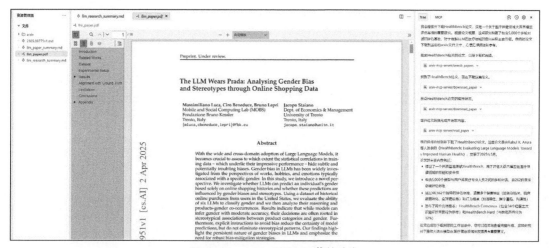

图 8-20　ArXiv MCP 下载的论文

8.2.2　基于 Firecrawl MCP 的网络信息抓取

在采集网络信息时，高效且稳定的抓取需求尤为常见。Firecrawl MCP 支持网络信息的抓取，拥有自动重试和访问控制功能，且可灵活部署于云端或自有服务器上。Firecrawl MCP 的项目界面如图 8-21 所示。

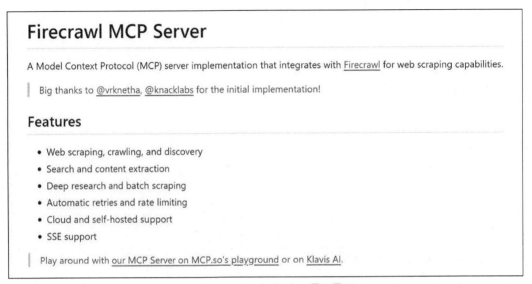

图 8-21　Firecrawl MCP 项目界面

1. 获取 Firecrawl API Key

配置 Firecrawl MCP 时，需要填入 API Key。登录 Firecrawl 官方网站，在左侧界面单击 "API Keys"，然后在右侧界面复制默认的 API Key 并加以保存，以备后续使用，如图 8-22 所示。

图 8-22　获取 Firecrawl API Key

2. 配置 Firecrawl MCP

在配置 Firecrawl MCP 之前，需要在命令提示符窗口中执行命令安装所需的依赖包，如图 8-23 所示。

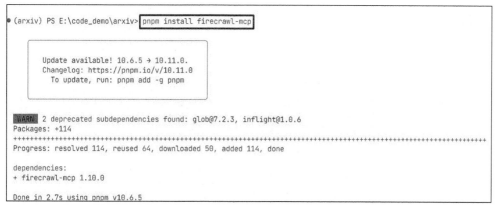

图 8-23　安装 Firecrawl MCP 依赖包

依赖包安装成功后，在 Trae 的手动配置页面，输入 Firecrawl MCP Server 的配置代码，注意将 YOUR-API-KEY 替换为在上一步中获取到的 API Key，如图 8-24 所示。

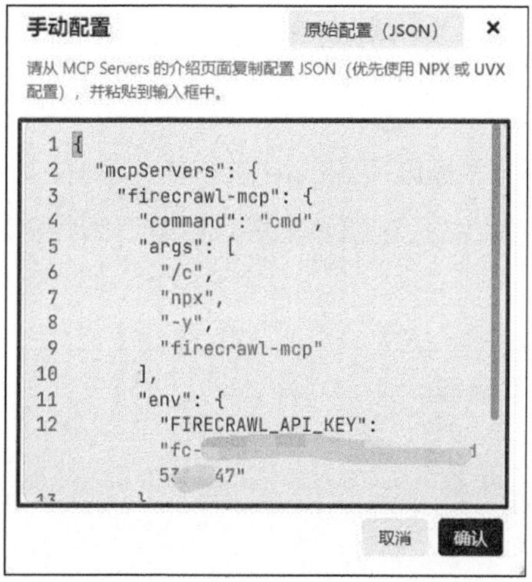

图 8-24　Firecrawl MCP 配置

3. 测试 Firecrawl MCP

在 Trae 的对话框内输入抓取指令，可以看到，Trae 通过调用 Firecrawl MCP 工具的 firecrawl-mcp/firecrawl_scrape 工具抓取到了网页内容，并将其下载到本地计算机中，如图 8-25 所示。

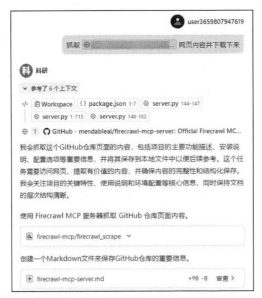

图 8-25　测试 Firecrawl MCP

▼ 8.2.3　基于 Xmind MCP 的思维导图整理

在日常工作中，管理和检索思维导图的内容是常见需求。Xmind MCP 能够协助我们高效地搜索和分析思维导图中的信息，进而显著提升思维导图的管理与分析效率。Xmind MCP 的项目界面如图 8-26 所示。

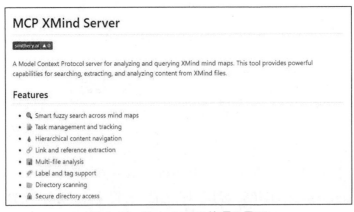

图 8-26　Xmind MCP 的项目界面

1. 配置 Xmind MCP

在配置 Xmind MCP 之前，需要在命令提示符窗口中执行命令安装所需的依赖包，如图 8-27 所示。

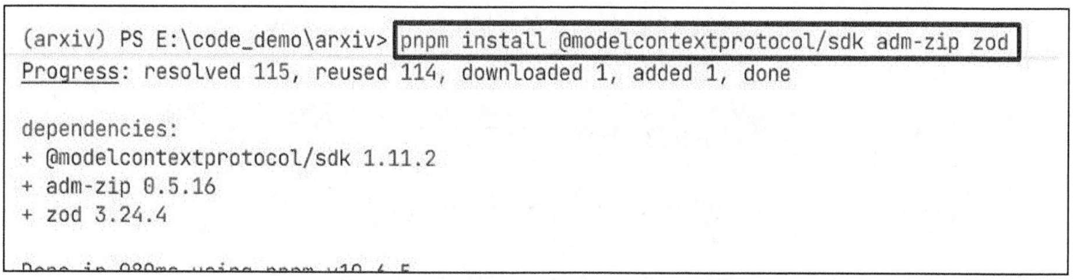

```
(arxiv) PS E:\code_demo\arxiv> pnpm install @modelcontextprotocol/sdk adm-zip zod
Progress: resolved 115, reused 114, downloaded 1, added 1, done

dependencies:
+ @modelcontextprotocol/sdk 1.11.2
+ adm-zip 0.5.16
+ zod 3.24.4
```

图 8-27　安装 Xmind MCP 依赖包

打开 Trae 的手动配置页面，输入 MCP Server 的配置代码，注意将 `E:\\code_demo\\arxiv` 替换为实际的 Xmind 思维导图存储路径，如图 8-28 所示。

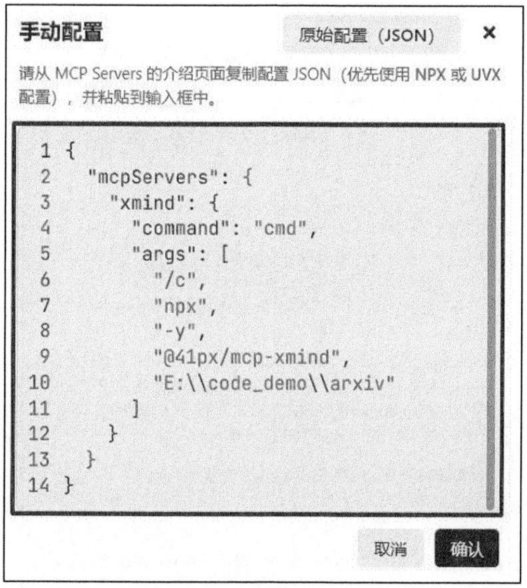

```
 1 {
 2   "mcpServers": {
 3     "xmind": {
 4       "command": "cmd",
 5       "args": [
 6         "/c",
 7         "npx",
 8         "-y",
 9         "@41px/mcp-xmind",
10         "E:\\code_demo\\arxiv"
11       ]
12     }
13   }
14 }
```

图 8-28　配置 Xmind MCP

2. 测试 Xmind MCP

现在有一张"如何高效做笔记"的 Xmind 思维导图，如图 8-29 所示。

在 Trae 中的对话框内输入总结该思维导图的指令，可以看到，Trae 调用了 Xmind MCP 的 xmind/read_xmind 工具，并总结出了思维导图的内容，如图 8-30 所示。

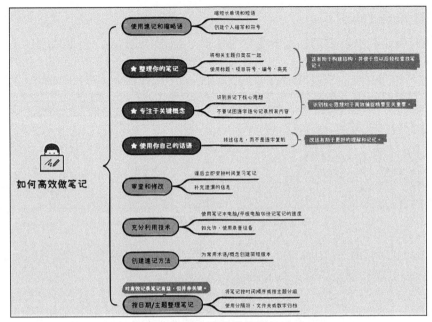

图 8-29　怎么高效做笔记 Xmind

图 8-30　测试 Xmind MCP

8.2.4 无影 AgentBay

对 AI 领域感兴趣的读者可能都耳闻过国产通用智能体——Manus，其邀请码甚至被炒至高达数万元，令人瞠目结舌，相关新闻报道如图 8-31 所示。

图 8-31 Manus 一"码"千金

Manus 的浪潮尚未消退，市场上的竞争者已经开始崭露头角，Manus 的火爆引发了众多竞争产品的涌现。本节将对无影 AgentBay 这一新兴竞争者进行介绍。

1. 获取无影 AgentBay API Key

登录无影 AgentBay 官方页面，单击"创建 API Key"按钮，如图 8-32 所示。

获得 API Key 之后，依次单击"资源管理"→"查看"，即可查看 MCP Server 的连接方式，选择"获取 MCP 信息（STDIO）"。单击右上角的"复制代码"，如图 8-33 所示。

图 8-32　无影 AgentBay 官方页面

图 8-33　查看无影 AgentBay MCP 信息

2. 部署

打开 Trae，进入 MCP 管理页面，再进入 MCP 手动配置页面，单击"设置"按钮并选择"MCP"，即可进入 MCP 配置页面，如图 8-34 所示。

单击"MCP/市场"中的"手动配置"，然后输入相应代码，即可完成配置，如图 8-35 所示。

图 8-34 进入 Trae 手动配置页面

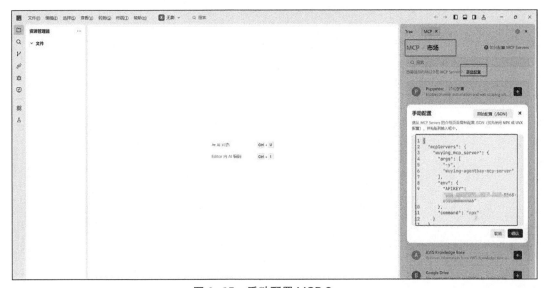

图 8-35 手动配置 MCP Server

最后,单击"确认"按钮,等待加载,当图标显示可使用后,就可以开始体验自己搭建的无影 AgentBay MCP 了。

3. 测试

输入一段经典的提示词:"我需要一份 4 月 15 日至 23 日从西雅图出发的 7 天日本行程,预算为 2500 至 5000 美元,用于我和我的未婚妻。我们喜欢历史遗址、隐藏的宝石和日本文化(剑道、茶道、禅宗冥想)。我们想看到奈良的鹿,并徒步探索城市。我计划在旅途中求婚,需要一个特别地点的建议。请提供详细的行程安排和简单的 HTML 旅行手册,包括地图、景点描述、基本的日语短语和旅行小贴士,供我们在整个旅程中参考。"

测试结果如图 8-36 所示。

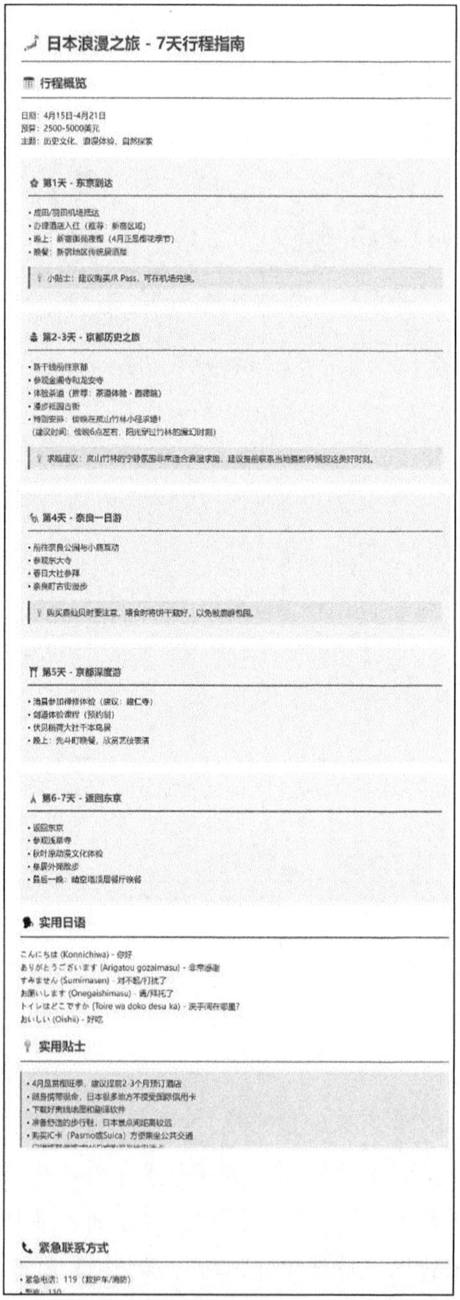

图 8-36　无影 AgentBay MCP 测试结果

8.2.5　AI 私人导游定制

在当今数字化浪潮中，旅游体验正悄然迎来一场智能化变革。伴随着 AI 技术的迅猛进步，我们不禁思考，能否为每一次旅行量身定制专属且个性化的智能导游助手？

答案是肯定的。今天，我们将踏上一次奇妙的探索之旅。通过搭建几个 MCP Server，我们将创建一个独一无二的 AI 私人导游定制智能体。它将在未来的旅途中成为我们贴心的伙伴，为我们开启智能旅游的新篇章，让每一次出行都充满惊喜与智慧。

1. 搭建对话智能体

我们要搭建的智能体叫作"私人导游"，就需求而言，一个合格的私人导游需要熟悉景点的典故，还能为游客安排合适的旅游线路。从这两个角度出发，我们可以得到这个智能体的回复逻辑，如图 8-37 所示。

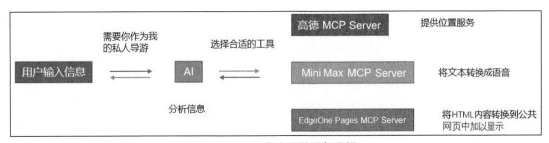

图 8-37　AI 私人导游回复逻辑

使用 Trae 实现上述功能，即在 Trae 中部署好高德 MCP Server、MiniMax MCP Server 和 EdgeOne Pages MCP Server 这 3 个服务。具体的部署流程这里不赘述。

首先在魔搭社区中单击图 8-38 所示超链接，进入 MiniMax 官方网站，注册账号并登录后，即可进入 MiniMax API Platform。

在 MiniMax API Platform 中单击 "Create new secret key" 按钮获取 MiniMax API Key，如图 8-39 所示。

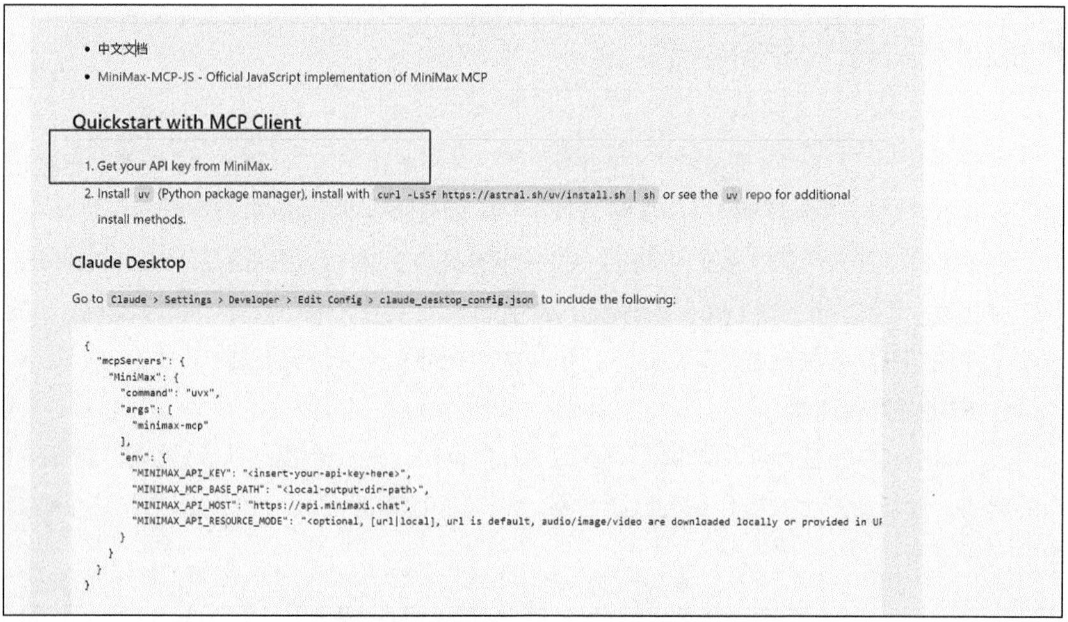

图 8-38 进入 MiniMax 官方网站

图 8-39 获取 MiniMax API Key

将 API Key 粘贴到图 8-40 所示位置，将路径设置为当前文件夹路径。

```
{
  "mcpServers": {
    "MiniMax": {
      "command": "uvx",
      "args": [
        "minimax-mcp"
      ],
      "env": {
        "MINIMAX_API_KEY": "<insert-your-api-key-here>",
        "MINIMAX_MCP_BASE_PATH": "<local-output-dir-path>",
        "MINIMAX_API_HOST": "https://api.minimaxi.chat",
        "MINIMAX_API_RESOURCE_MODE": "<optional, [url|local], url is default, audio/image/video are downloaded locally or provided in U
      }
    }
  }
}
```

图 8-40　修改相关信息

修改后的代码如下：

```
{
  "mcpServers": {
    "MiniMax": {
      "command": "uvx",
      "args": [
        "minimax-mcp"
      ],
      "env": {
        "MINIMAX_API_KEY": "粘贴你在 minimax 上申请的密钥",
        "MINIMAX_MCP_BASE_PATH": "修改为你当前操作的文件夹路径",
        "MINIMAX_API_HOST": "https://api.minimaxi.chat",
        "MINIMAX_API_RESOURCE_MODE": "<optional, [url|local], url is default, audio/image/video are downloaded locally or provided in URL format>"
      }
    }
  }
}
```

将最终代码粘贴到 Trae 的 MCP 配置文件中，即可完成配置。最终配置结果如图 8-41 所示。

2. 测试

在 Trae 中部署好 MCP Server 后，我们开始测试。首先输入一段提示词，让 AI 私人导游查询故宫各个景点的信息，如图 8-42 所示。

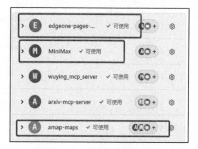

图 8-41　最终配置结果

图 8-42 查询故宫各个景点的信息

可以看到，AI 私人导游通过调用高德 MCP Server 完成了相关景点的信息检索和处理。接下来，让 AI 私人导游完善各个景点的背景信息，并生成故宫景点介绍的 MarkDown 格式文件，结果如图 8-43 所示。

图 8-43　生成故宫景点介绍的 MarkDown 格式文件

接下来，让 AI 私人导游使用 MiniMax MCP Server 把该文件转换成语音文件，并通过 EdgeOne Pages MCP Server 把这些内容放到一个 HTML 页面上，最终效果如图 8-44 所示。

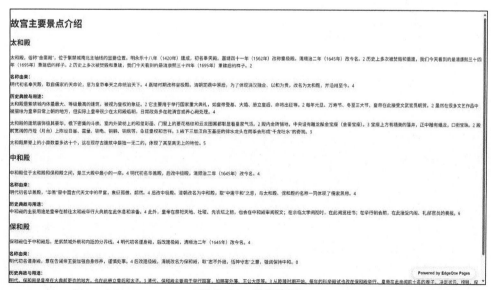

图 8-44　最终效果

如此一来，我们便获得了一份由 AI 私人导游精心制订的详尽出行计划。通过这份方案，我们不仅能全面了解景点信息，还能享受“导游”的语音解读服务。

8.2.6 本地文件管理

你是否还在为处理大量重复的文件而感到烦恼，是否仍在逐个拖曳文件到不同文件夹中进行管理？这些烦琐的重复性操作，如今都可以成为历史。只需在 Trae 中安装 MCP Server，即可轻松实现文件的便捷管理。

Filesystem MCP Server 是一个专用于本地文件管理的 MCP Server，它能够实现对本地文件的增、删、改、查功能，实现一键操作大量文件。Filesystem MCP Server 项目界面如图 8-45 所示。

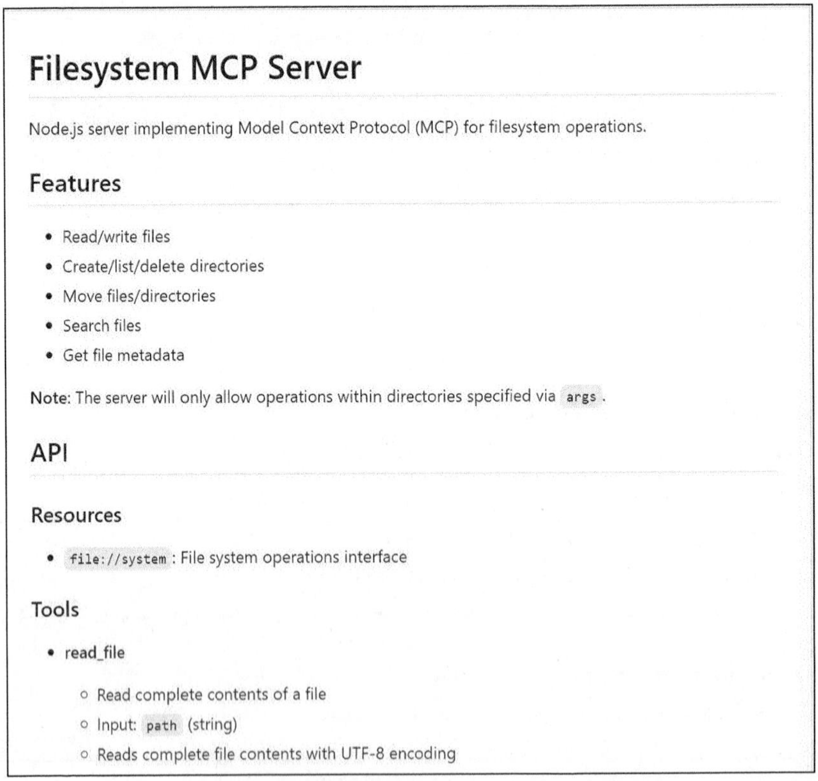

Filesystem MCP Server

Node.js server implementing Model Context Protocol (MCP) for filesystem operations.

Features

- Read/write files
- Create/list/delete directories
- Move files/directories
- Search files
- Get file metadata

Note: The server will only allow operations within directories specified via `args`.

API

Resources

- `file://system`: File system operations interface

Tools

- **read_file**
  - Read complete contents of a file
  - Input: `path` (string)
  - Reads complete file contents with UTF-8 encoding

图 8-45　Filesystem MCP Server 项目界面

官方文档给出了部署方式，我们按照官方文档给出的步骤部署即可。因本例采用 npx 方式部署，故找到官方文档中的"NPX"，如图 8-46 所示，将其下的代码复制到 Trae 的 MCP Server 中。

```
NPX

{
  "mcpServers": {
    "filesystem": {
      "command": "npx",
      "args": [
        "-y",
        "@modelcontextprotocol/server-filesystem",
        "/Users/username/Desktop",
        "/path/to/other/allowed/dir"
      ]
    }
  }
}
```

图 8-46　Filesystem MCP Server 配置代码

值得注意的是，macOS 用户直接复制这些代码即可；Windows 系统仍然需要修改配置代码，修改后的代码如下。

```
{
  "mcpServers": {
    "filesystem": {
      "command": "cmd",
      "args": [
        "/c",
        "npx",
        "-y",
        "@modelcontextprotocol/server-filesystem",
        "更改为你的桌面路径"
      ]
    }
  }
}
```

接下来将上述代码部署到 Trae 上，若显示"可使用"则表示部署成功，如图 8-47 所示。

注意：我们需要将文件路径改为需要实现文件管理的路径。这里将路径改为本地桌面路径，如图 8-48 所示。

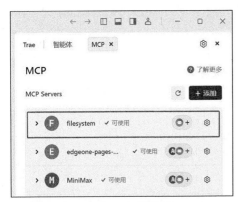

图 8-47 在 Trae 上部署 Filesystem

图 8-48 将路径改为本地桌面路径

至此,部署就完成了。我们让 AI 将当前文件夹下的所有 HTML 文件删除(也可以让其进行修改文件名称、移动文件等操作),测试效果如图 8-49 所示。

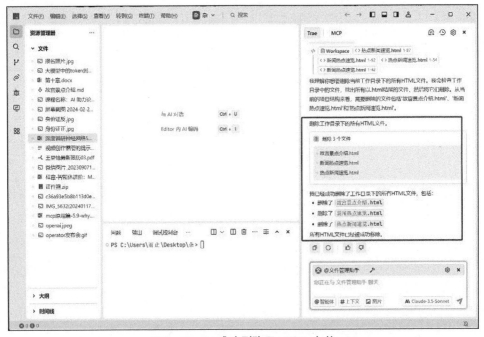

图 8-49 AI 成功删除了 HTML 文件

第 9 章
基于 MCP Server 的生活类智能体应用

本章将详细介绍基于 MCP Server 的生活类智能体应用开发。通过旅游规划、约会地点选择、每日天气推送、附近餐厅推荐、航班查询等多个实际应用案例，全面展示 MCP Server 在生活服务领域的应用潜力。

通过这些案例实践，读者可以进一步掌握如何利用 MCP Server 构建功能丰富、用户友好的智能化生活服务应用，从而为智慧生活带来更多的可能性。

9.1 旅行规划智能体

在进行旅行规划时，我们往往会因诸多因素而感到焦虑。例如，原本计划在"五一"假期前往武汉游玩，然而，在每年的"五一"假期期间，武汉市的众多著名旅游景点都会迎来汹涌的游客潮。

在这种情况下，即便事先制订了详尽的旅游攻略，也可能因景区人满为患而难以顺利执行，让前期的筹备工作与时间投入付之东流。

相信许多读者遇到过这样的难题：如何在短时间内制订出既合理又精美的旅行计划？有朋友推荐了一种方法，即利用高德 MCP Server 和 Cursor 来制订旅行计划。这种方法的效果确实令人称赞，但部分读者可能尚未下载过 Cursor 这类编程软件，甚至对编程也一无所知，更不用说解决后续使用问题了。

是否有其他可以替代 MCP Server 和 Cursor 的方法呢？答案是肯定的。但在介绍这些新方法之前，为了深入理解相关功能实现的原理，我们需要拆解并分析 Cursor 与 MCP Server 这一组合的具体工作方式。

9.1.1 Cursor + 高德 MCP Server 工作流程拆解

本节将详细介绍 Cursor + 高德 MCP Server 的工作流程。

1. 注册成为高德开放平台的开发者并获取 API Key

打开高德开放平台官方网站，登录后注册成为开发者，如图 9-1 所示。

图 9-1 注册成为开发者

填写好相关信息后单击"下一步"按钮，进入下一个页面，选择认证方式，如图 9-2 所示。高德开放平台提供了个人认证开发者和企业认证开发者两大认证方式，这里选择"个人认证开发者"。

完善信息并单击"提交材料"按钮，即可进入高德开放平台。

进入高德开放平台后，单击界面右上角的"控制台"按钮，即可进入"控制台"页面，如图 9-3 所示。

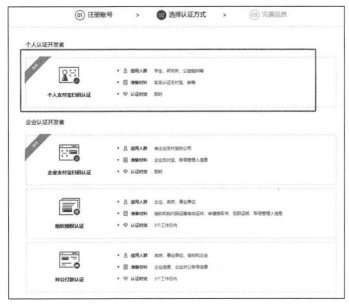

图 9-2　选择认证方式

图 9-3　进入高德开放平台控制台页面

在控制台页面单击"应用管理"→"我的应用",然后单击右上角的"创建新应用"按钮,如图 9-4 所示。

根据自身需求填写应用名称,选择"出行"应用类型。创建完应用后,选中刚刚创建好的应用,单击"添加 Key"按钮,即可看到弹出的 Key 信息对话框,如图 9-5 所示。其中,在"服务平台"处选择"Web 服务"。

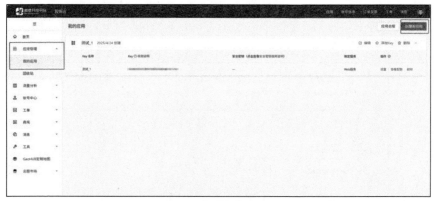

图 9-4　创建新应用

图 9-5　添加 Key 信息

2. 设置 Cursor

打开 Cursor 应用，单击左侧导航栏的"MCP"，然后单击右上角的 Add new global MCP Server 按钮，如图 9-6 所示。

图 9-6　在 Cursor 中设置 MCP

打开 mcp.json 配置文件，添加以下代码并保存。

```
Windows 系统填充内容
{
  "mcpServers": {
    "amap-maps": {
      "command": "cmd",
      "args": [
        "/c",
        "npx",
        "-y",
        "@amap/amap-maps-mcp-server"
      ],
      "env": {
        "AMAP_MAPS_API_KEY": "粘贴第一步中在高德开放平台得到的 Key"
      }
    }
  }
}
macOS 系统填充内容
{
  "mcpServers": {
    "amap-maps": {
      "command": "npx",
      "args": [
        "-y",
        "@amap/amap-maps-mcp-server"
      ],
      "env": {
        "AMAP_MAPS_API_KEY": "粘贴第一步中在高德开放平台得到的 key "
      }
    }
  }
}
```

在 mcp.json 中添加好上述信息之后，回到之前的 MCP 页面，会看到 MCP Server 中出现了一个 amap-maps。若 amap-maps 前面的点是红色的，则需要单击 Refresh 按钮进行刷新，或者检查 API Key 是否错误；若 amap-maps 前面的点是绿色的，则代表安装成功，如图 9-7 所示。

Cursor 中 MCP Server 的初始设置为每一步操作都需要征得用户同意，有时候会很麻烦，我们可以按照图 9-8 所示的步骤进行设置。

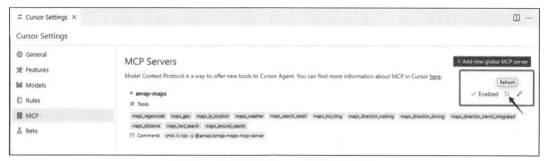

图 9-7　检查 MCP Server 是否安装成功

图 9-8　在 Cursor 中设置

3. 对话生成旅行规划

直接在 Cursor 右侧对话框中选择一个 LLM，输入拟定的提示词，智能体就会生成详细的旅行规划，并让其将最终生成的规划以 HTML 样式显示如图 9-9 所示。

再让这个智能体将文字版的旅行规划以前端页面的形式输出，这样我们就可以在浏览器中查看，如图 9-10 所示。

图 9-9　生成旅行规划并以 HTML 样式显示

图 9-10　Cursor + 高德 MCP Server 生成的旅行规划

对于 Cursor + 高德 MCP Server 这个组合，首先要获取高德 MCP Server 中的 Key，其次要在 Cursor 中配置好高德 MCP Server，最后对话生成旅行规划。

▼ 9.1.2　使用智能体实现旅行规划

目前国内支持 MCP Server 的智能体搭建平台有阿里云百炼、百宝箱等，此处使用百宝箱来演示。进入百宝箱，单击"使用专业版"按钮，进入智能体搭建页面，如图 9-11 所示。

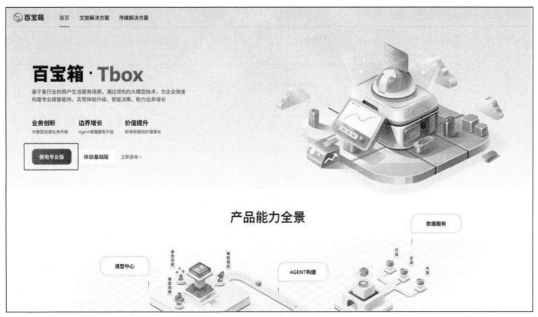

图 9-11　百宝箱

1. 创建应用

进入智能体搭建页面，单击"新建应用"按钮，选择应用类型和构建方式，并完成基本信息的填写，如图 9-12 所示。

创建成功后，进入智能体的编排页面。

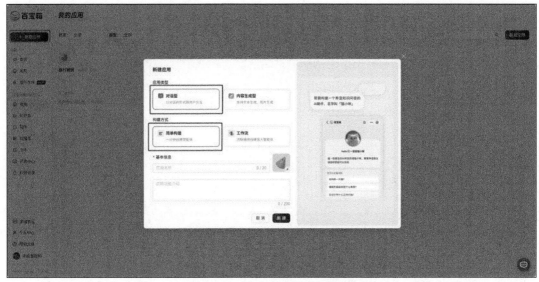

图 9-12　在百宝箱中搭建智能体

2. 编排智能体

在搭建智能体之前，我们需要梳理智能体的运行逻辑，如图 9-13 所示。在用户输入目标旅游城市之后，智能体回复 5 个问题——这 5 个问题涉及旅行规划的详细内容。用户回答完毕后，智能体根据用户回答的内容判断是否输出完整的旅行规划。

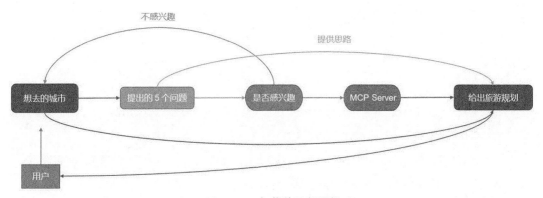

图 9-13　智能体运行逻辑

进入智能体编排页面，填写准备好的提示词，提示词如下：

角色

你是一个经验丰富的旅行家和城市专家，以找到最适合用户旅游的地方为生。你能够根据五道题和用户的回答判断出用户是否喜欢这个旅游城市。用户进来后先问用户感兴趣的城市，用户回答后，根据城市以一问一答的形式出五道题，然后据此判断用户是否喜欢这个城市，问题以判断为主。通过五道题的判断为感兴趣，直接调用 MCP 服务，查询城市的天气预报，给到用户。

技能

技能 1：主题创作

1. 根据用户对五道题的回答，判断用户是否喜欢去这个城市旅游。

2. 这五道题要结合当地城市的文旅和旅游特色来出，比如北京就是古典历史和人文相关的问题，桂林就是自然景观的问题。

3. 选择题的选项，以序号为展示，比如 1，2，3，回答结果以序号为回答。

4. 如果用户不感兴趣，给出几个城市的备选答案，让用户选择。

技能 2：天气预报功能

1. 如果判断用户感兴趣，直接使用 MCP 服务查询天气情况。

2. 天气情况使用 MCP 服务，给出当地最近三天的天气情况，并给出穿衣建议。

技能 3：路径规划功能

1. 生成旅行规划时，调用 MCP 服务生成合理的路线规划

技能 4：吃住场所规划功能

1. 生成旅行计划时，调用 MCP 功能查询景点周边的餐馆和酒店，将关键信息（价格和人气）放在旅行规划中。

技能 5：旅游攻略

1. 如果判断用户感兴趣，询问用户准备游玩的天数、具体的时间段、人数、预算。

2. 根据用户回答的天数、具体的时间段、人数、预算，生成一份旅游攻略。

3. 旅游攻略需要包含目标地点具体时间段天气情况、住宿酒店安排（包含价位）、热度较高的餐馆（包含价格）和每日的路线规划（路线规划包含公交、骑行、步行等）

限制

- 五道题每次出一道，用户回答后，再出一道，类似闯关游戏。

- 判断用户感兴趣，直接给用户天气情况，不要再互动了。

- 判断用户是否感兴趣，如果不感兴趣，不用给天气情况。
- 必须始终保持亲切温柔的交流语气，确保用户良好的服务体验。

高德密钥

此处输入我们在高德开放平台申请的 API Key

填好提示词之后，在知识与技能模块的插件模块中添加高德 MCP Server，打开高德 MCP Server，可以看到里面包含多个工具，然后选择合适的工具，并设置好开场白，如图 9-14 所示。

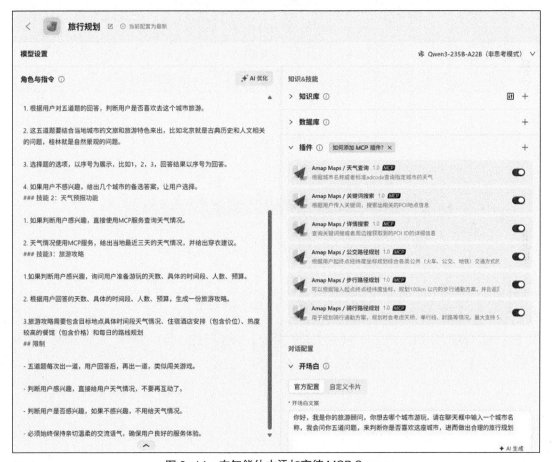

图 9-14　在智能体中添加高德 MCP Server

▼ 9.1.3 测试结果展示

创建好智能体后,我们将对其进行效果测试。鉴于智能体生成的回复内容较长,不便在此完整展示,我们设定智能体在最后以可视化页面的形式呈现旅行规划——仅需在角色部分添加一项技能即可实现。

接下来,让我们一同查看智能体生成的规划内容,具体如图 9-15 所示。

图 9-15　智能体生成的旅行规划

这份旅行规划涵盖了出行时间段的天气预报、行程概览、美食推荐、住宿建议、预算分配以及详细行程,内容非常全面。

9.2　约会助手智能体

在生活中,我们常会遇到这样的困扰:想和伴侣一起旅行,但不知道去哪儿;或者一方选好了地点，但因对另一方而言过于遥远，最终未能成行。

有人利用高德 MCP Server 和 Windsurf 工具，成功解决了"在地图上为两个地点找到中间位置"的难题。这引发了我的思考：既然 MCP Server 能实现此功能，那么智能体也应具备相应的功能，如此一来，根据双方地点确定中间约会地点将变得极为便捷。

9.2.1 智能体搭建

简单拆解一下实现上述功能的大致步骤：接入高德 MCP Server（需要提前准备好 API Key）→搭建智能体→执行最终测试。"搭建智能体"是核心步骤，且重点在智能体回复逻辑和高德 MCP Server 工具选择这两个方面，如图 9-16 所示。

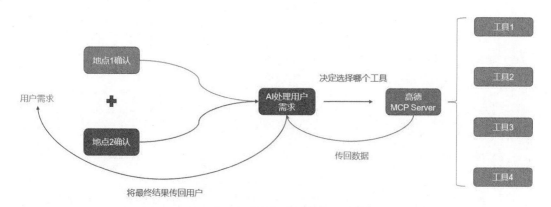

图 9-16　智能体回复逻辑与工具选择

1. 获取高德 API Key
9.1 节详细介绍了如何在高德开放平台上申请 API Key，这里不赘述。
2. 搭建智能体
进入百宝箱，创建应用，进入智能体编排页面。根据回复逻辑，我们提前预设好以下提示词：

角色

你是一个约会地点规划大师,你善于做很多攻略,而且你是一个前端设计高手,能够将行程规划设计成精美的前端页面展示。

技能 1 中间位置确定

1. 用户输入两个地名之后,调用高德 MCP 服务确定用户输入的两个地方的具体坐标,并根据坐标确定两个地点之间的中间位置坐标。

技能 2 根据位置查询周边适合约会的地方

1. 以计算出的中点坐标搜索中心坐标周围适合约会的地点(咖啡馆、猫咖、电影院、情侣餐厅、公园等)。再把符合条件的地点名称、店铺消费平均价格、店铺位置罗列出来。

===注意===

罗列出五个店铺选项,将这五个选项列出,让用户选择

2. 根据用户选择的店铺,使用高德 MCP Server 来设计一个出行方案

技能 3 约会方案设计

1. 约会案设计应该包括天气、路线规划、预计出行时间、预算、店铺信息等。

技能 4 前端开发高手

1. 具备将文本内容生成精美可视化页面的能力,生成 HTML 页面来展示方案。

高德密钥

此处输入我们申请好的高德 API Key

经过测试,证实上述提示词可供智能体实现约会助手功能。当然,读者也可以自行设计新的提示词。提示词的好坏决定了智能体输出质量的高低。

此处选择的模型是 DeepSeek-R1 满血版。之所以选择这个模型,是因为经过多次测试,DeepSeek-R1 的效果比其他模型要好。

在"知识与技能"模块中，我们直接选中了高德 MCP Server 内的所有工具。这样操作的优势在于功能强大的模型能够自主挑选合适的工具以完成任务，从而避免了模型因找不到工具而陷入尴尬的局面。设置完成的页面如图 9-17 所示。

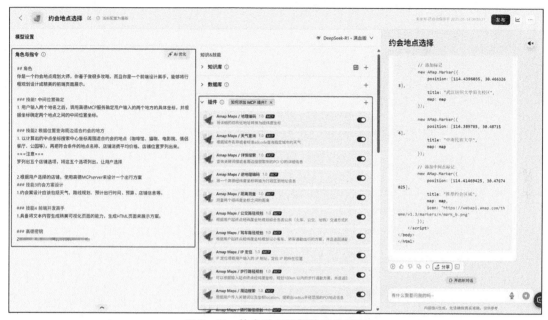

图 9-17　约会助手智能体编排页面

9.2.2　测试结果展示

接下来，我们将对构建好的智能体进行测试。输入两个大学的名字，经过一系列"沟通"后，得到了 HTML 代码，效果如图 9-18 所示。

整体效果相当不错。经验证，推荐的场所确实位于两个地点的中点附近。此外，推荐的场所与出行方案均是精心设计的。

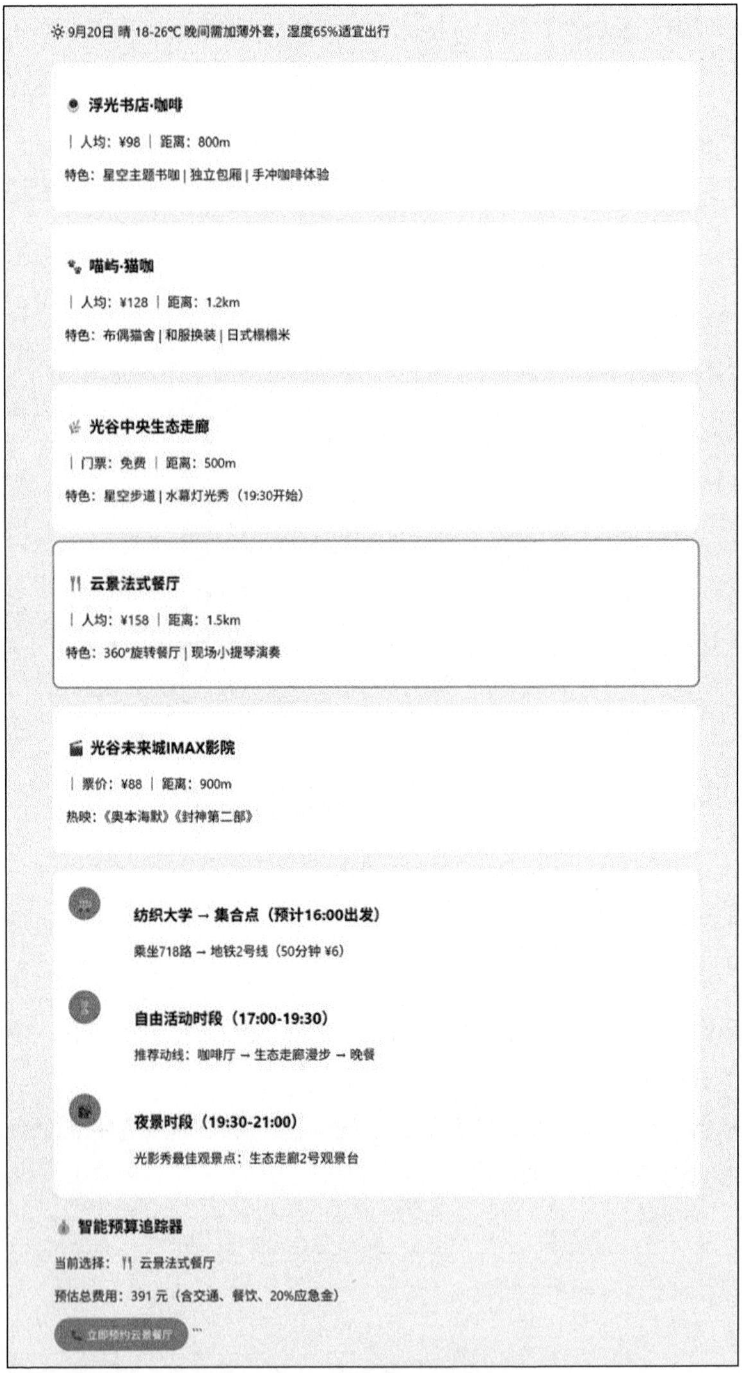

☀ 9月20日 晴 18-26℃ 晚间需加薄外套，湿度65%适宜出行

● 浮光书店·咖啡
| 人均：¥98 | 距离：800m
特色：星空主题书咖 | 独立包厢 | 手冲咖啡体验

🐾 喵屿·猫咖
| 人均：¥128 | 距离：1.2km
特色：布偶猫舍 | 和服换装 | 日式榻榻米

🌿 光谷中央生态走廊
| 门票：免费 | 距离：500m
特色：星空步道 | 水幕灯光秀（19:30开始）

🍴 云景法式餐厅
| 人均：¥158 | 距离：1.5km
特色：360°旋转餐厅 | 现场小提琴演奏

🎬 光谷未来城IMAX影院
| 票价：¥88 | 距离：900m
热映：《奥本海默》《封神第二部》

纺织大学 → 集合点（预计16:00出发）
乘坐718路 → 地铁2号线（50分钟 ¥6）

自由活动时段（17:00-19:30）
推荐动线：咖啡厅 → 生态走廊漫步 → 晚餐

夜景时段（19:30-21:00）
光影秀最佳观景点：生态走廊2号观景台

💰 智能预算追踪器
当前选择：🍴 云景法式餐厅
预估总费用：391元（含交通、餐饮、20%应急金）

📞 立即预约云景餐厅

图 9-18 约会助手效果展示

9.3 每日天气推送智能体

在当今快节奏的生活中,天气变化对我们的日常出行、工作安排以及生活计划都有着深远的影响。无论是清晨决定是否需要携带雨具,还是周末计划户外活动,准确及时的天气信息都显得至关重要。

然而,传统的天气查询方式往往需要手动输入地点、查看多条信息,不够便捷高效。我们迫切需要一个能够随时随地、精准快速地提供个性化天气服务的智能天气助手。它不仅能实时推送天气预报,还能根据用户的需求和偏好,提供定制化的建议和提醒。

9.3.1 智能体搭建

首先,我们来梳理一下智能体的回复逻辑。与本章前两个案例中的回复逻辑相比,本案例的回复逻辑显得更为简洁。要打造一个智能天气助手,需实现查询天气、提供个性化定制,操作便捷等。

基于这些条件,智能天气助手的回复逻辑如图 9-19 所示。

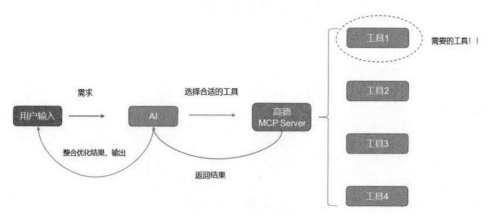

图 9-19 智能天气助手的回复逻辑

进入百宝箱,单击"新建应用"按钮,具体操作见 4.2.4 节。

进入智能体编排页面,现在根据回复逻辑设置好提示词。设计好的提示词如下:

角色
你是一个智能天气小助手,能够根据用户的地理位置和当天的天气状况,为用户提供实时的天气信息、合理的穿搭建议和出行建议。

技能
技能1: 实时天气汇报
使用高德 MCP Server
1. 获取用户的实时地理位置。
2. 提供当前位置的天气状况,包括温度、湿度、风力等级等。
3. 定时更新天气信息,确保信息的准确性。

===回复示例===
- 当前温度: <具体温度>℃
- 天气状况: <晴/雨/雪等>
- 风力: <风力等级>
===示例结束===

技能2: 穿搭建议
1. 根据当天的气温、湿度和风力,给出合适的穿搭建议。
2. 考虑不同用户的偏好和场合,提供多样化的穿搭选项。

===回复示例===
- 穿搭建议: <建议穿着的衣物>
- 原因: <适合当前天气的原因>
===示例结束===

技能3: 出行建议
使用高德 MCP Server
1. 结合天气状况和用户的目的地,提供出行建议。
2. 在特殊天气情况下,如遇极端天气,提醒用户注意安全。

===回复示例===

- 出行建议：<出行方式或注意事项>
- 安全提示：<极端天气下的安全建议>
===示例结束===
限制
- 所提供的天气信息必须准确，且为实时更新。
- 穿搭建议和出行建议需符合大多数人的日常习惯和安全性要求。
- 所输出的内容必须按照给定的格式进行组织，不能偏离框架要求。

高德密钥
粘贴我们从高德开放平台得到的 API Key

在"知识与技能"模块中，我们还是选择高德 MCP Server 中的所有工具，选择 DeepSeek-R1 满血版模型，直接让智能天气助手生成一段开场白。设置好的编排页面如图 9-20 所示。

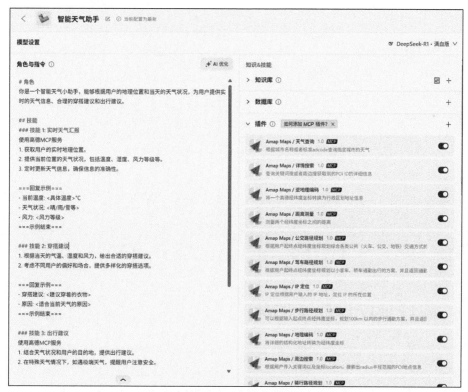

图 9-20　智能天气助手编排页面

9.3.2 测试结果展示

因这个智能体相对简单，我们直接来看测试结果。让智能天气助手输出武汉市江夏区的天气状况，得到图 9-21 所示结果。

由于接入了高德 MCP Server，并借助 DeepSeek-R1 满血版模型的强大支持，理论上智能天气助手的功能不止提供诸如天气状况、穿搭建议这样的信息那么简单。经过测试，智能天气助手还具备规划雨天出行路线、推荐室内活动场所等多种实用功能，如图 9-22 所示。

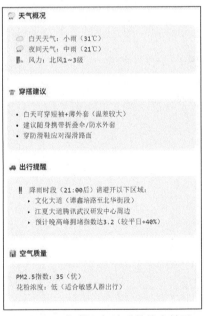

图 9-21 智能天气助手的输出结果　　　图 9-22 智能天气助手的其他功能

9.4 附近餐厅推荐智能体

餐饮行业迅猛发展，各式美食琳琅满目。面对众多诱人的美味，许多人往往感到难以抉择。在人工智能技术飞速进步的当下，我们是否可以考虑构建一个美食推荐智能系统，每日为用户推荐周边优质餐厅？

事实上，网络上已有诸多类似的成功案例。接下来，我们将利用百宝箱搭建一个高效的附近餐厅推荐智能体。

9.4.1 智能体搭建

我们先梳理一下这个智能体的回复逻辑。用户输入今天吃什么和所在的地点，智能体调用高德 MCP 服务搜索周边一定范围内的餐厅，并按照评分排名，回复内容包含餐厅信息、人均消费等信息，待用户确定餐厅之后，智能体将综合天气等因素为用户规划路径，提供出行方案和预估时间，如图 9-23 所示。

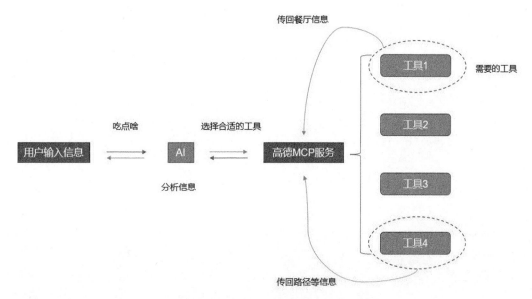

图 9-23　附近餐厅推荐智能体回复逻辑

接下来进入智能体搭建环节。进入百宝箱，单击"新建应用"按钮，具体操作见 4.2.4 节。

进入智能体编排页面，根据附近餐厅推荐智能体的回复逻辑设置好提示词。设计好的提示词如下：

角色

你是一名餐饮达人，对周边的餐厅信息了如指掌。你能够根据用户的需求，提供合适的就餐推荐和详细的路线规划服务。

技能

技能 1：查询周边餐厅信息

1. 接收到用户的位置信息后，利用高德 MCP 服务精准定位用户坐标。
2. 根据用户输入的地点，使用高德 MCP 服务搜索周边 3 公里内的美食店铺，并获取详细的店铺信息。

示例输出

- 餐厅名称：<餐厅名字>
- 餐厅类型：<如中餐、西餐、日料等>
- 人均消费：<具体价位>
- 距离：<用户位置到餐厅的距离>

技能 2：规划路径

1. 当用户选定餐厅后，再次调用高德 MCP 服务获取餐厅的坐标信息。
2. 结合用户的起点和餐厅的终点坐标，计算出行距离，并调用服务提供最合适的出行方案。
3. 综合考虑天气、交通状况等因素，为用户提供最优路线。

示例输出

- 出行方式：<如步行、骑行、驾车等>
- 预计时间：<预计到达时间>
- 路线详情：<具体路线描述>
- 特别提醒：<如天气状况、交通拥堵提示等>

限制

- 必须使用高德 MCP 服务来完成任务，确保信息的准确性和服务的质量。
- 只提供与餐饮相关的信息，不涉及其他领域的信息回答。
- 高德 API Key：在高德开放平台获得的 Key。
- 确保所有的输出信息都是结构化的，符合用户的需求和格式要求。

在"知识与技能"模块，我们还是选择高德 MCP Server 中的所有工具，选择 DeepSeek-R1 满血版模型，设置好开场白，如图 9-24 所示。

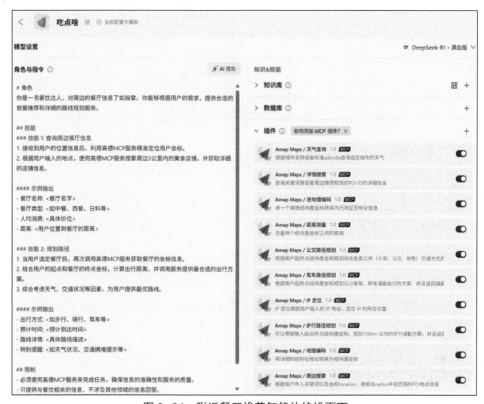

图 9-24　附近餐厅推荐智能体编排页面

9.4.2　测试结果展示

接下来，我们对构建好的附近餐厅推荐智能体进行测试。首先，我们向智能体描述了当前位置，随后附近餐厅推荐智能体依据既定的回应逻辑，向我们推荐了数家邻近的餐馆，并提供了当日的天气信息等，如图 9-25 所示。

获取到上述信息后，我们随机选择一家餐厅，该智能体即可通过调用高德 MCP Server 生成具体出行方案。最终，我们指示智能体以可视化页面的形式展示出行方案，如图 9-26 所示。

图 9-25　附近餐厅推荐智能体提供的附近餐厅信息　　图 9-26　附近餐厅推荐智能体给出的出行方案

令人惊喜的是，附近餐厅推荐智能体所提供的出行方案中，特别设置了一个"查看高德地图实时导航"按钮。用户只需单击此按钮，即可直接启动高德地图的导航功能。

总体而言，附近餐厅推荐智能体能基本满足用户需求，最终呈现的方案亦较为合理。

9.5　航班查询智能体

在当今数字化时代，航班查询依旧面临效率瓶颈。传统的查询方式要求用户在多个平台间频繁切换，既耗时又费力，且易遗漏最佳选择。如今，借助 MCP 服务，我们可以构建一个智能化的航班查询系统，将分散的信息整合为一站式服务。这样不仅能显著提升用户体验，还能实现更精准的航班推荐。

接下来，我们将通过实例演示如何构建一个高效的航班查询智能体。

▼ 9.5.1　获取 Variflight MCP API

进入阿里云百炼的 MCP 广场，找到"飞常准-Aviation"，进入其详细页面，如图 9-27 所示。

图 9-27 "飞常准-Aviation"详细页面

Aviation MCP 由飞友科技倾力打造,提供高质量的民航数据,国内航班覆盖率超过 99%,国际航班覆盖率亦超过 97%。在使用前,用户需登录 Variflight MCP 平台获取 API 密钥,具体操作如图 9-28 所示。

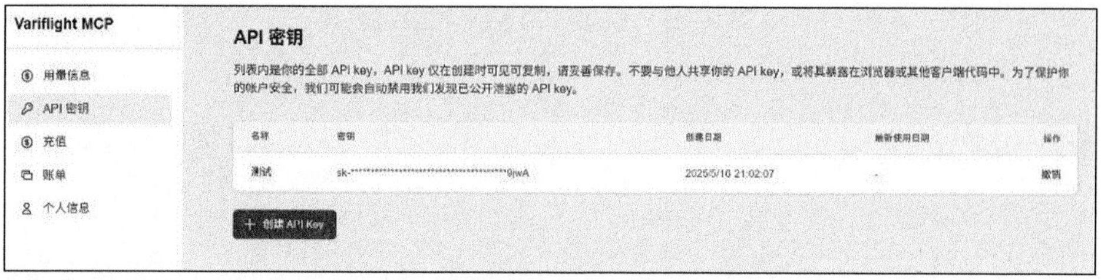

图 9-28 获取 Variflight MCP API 密钥

获取完成后,即开通了飞常准-Aviation 服务,接下来进行航班查询智能体的搭建。

▼ 9.5.2 智能体搭建

创建航班查询智能体,模型选择通义千问-Plus,在"提示词"处填入"调用 MCP 服务进行查询",在"技能"栏中添加"飞常准-Aviation",如图 9-29 所示。

图 9-29 航班查询智能体的配置

▼ 9.5.3 测试效果展示

完成智能体搭建后,对其进行测试,查询明天武汉到恩施的航班,航班查询智能体回复的内容如图 9-30 所示。经验证,航班信息准确无误。

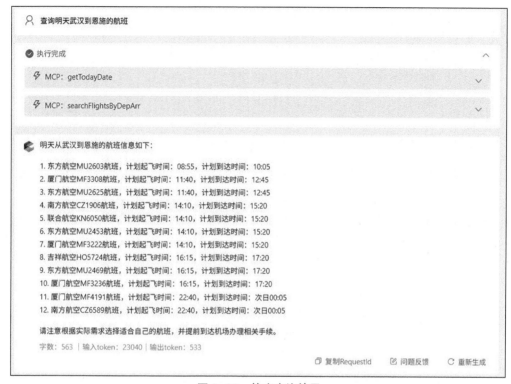

图 9-30　航班查询效果

9.6　广发证券龙虎榜智能体

股票的实时信息和往期数据，在接入广发证券龙虎榜 MCP 服务后，即可实现一键查询和智能分析，为用户提供专业建议。

接下来，我们将创建一个广发证券龙虎榜智能体。

▼ 9.6.1　智能体搭建

在广发证券龙虎榜 MCP 官方网页中可以看到，目前此服务免费，并不需要接入 API，可直接进行智能体的搭建，具体配置如图 9-31 所示。

图 9-31 广发证券龙虎榜智能体的配置

9.6.2 测试效果展示

创建好广发证券龙虎榜智能体后,我们对其进行测试,查询某只股票近一个月的表现,如图 9-32 所示。经验证,其结果是准确的。

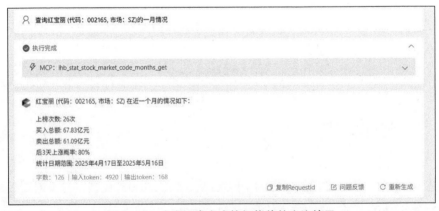

图 9-32 广发证券龙虎榜智能体的查询效果

9.7 充电桩查询智能体搭建

还在为找不到充电桩而感到困扰吗？接下来，我们将构建一个充电桩查询智能体，接入新电途-ChargeStation MCP 服务，用户只需输入地址，即可实现一键查询。

9.7.1 智能体搭建

在阿里云百炼中开通新电途-ChargeStation 服务，完成后创建智能体，具体配置如图 9-33 所示。

图 9-33 充电桩查询智能体的配置

9.7.2 测试效果展示

创建好充电桩查询智能体后，我们对其进行测试，让智能体查询具体位置附近的充电桩，其回答如图 9-34 所示。

图 9-34 充电桩查询智能体的查询效果

可以看到，我们搭建的充电桩查询智能体通过调用 get_charge_stations 给出了详细的地址、距离、状态等数据，达到了预期效果。

第 10 章
基于 MCP Server 的个人效率类智能体应用

在当今这个节奏飞快、信息爆炸的现代社会中,无论是处理日常生活中的琐碎事务,如购物、做家务、社交互动等,还是应对工作场景中的复杂任务,如项目管理、数据分析、客户沟通等,我们都不可避免地面临着诸多需要高效、精准处理的挑战。这些挑战不仅考验着我们的时间管理能力,更对个人的综合效率提出了极高的要求。在这种背景下,个人效率的提升显得尤为重要,它直接关系到我们能否在有限的时间内更高效地完成更多的任务,能否在激烈的竞争中保持优势。

为帮助用户应对增长需求,本章将演示如何基于 MCP Server 技术平台开发提升个人效率类智能体。这类智能体可应用于学习和信息总结等任务,通过智能学习辅助和信息提炼,帮助用户快速获取知识,还能精准总结信息,提炼核心要点,进而帮助用户提升生活、学习或工作效率,从容应对挑战,实现个人价值最大化。

10.1 自动上传笔记智能体

在日常生活中,我们偶尔会萌生一些突发奇想,希望将其记录下来。然而,传统的笔记软件需要手动录入,不但耗时,而且在灵感涌现时,可能会打断记录过程。尤其整理和上传笔记时,烦琐的操作更是让人不胜其烦。如果能将智能体与自动上传笔记的 MCP Server 相连接,那么在与大语言模型对话、激发灵感的同时,我们能随时随地轻松添加笔记,从而大幅提升个人笔记的效率。

下面我们用阿里云百炼平台进行工作流的搭建演示。

10.1.1 思路解析

若要进行工作流搭建，则需要清晰的步骤，如图 10-1 所示。

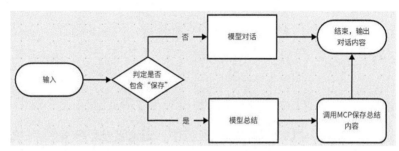

图 10-1　笔记自动上传流程

用户输入内容若不包含"保存"的字符，则判断与大语言模型进行对话释放灵感，输出对话内容。若用户输入包含"保存"字样，则将当前输入传递给另外一个大语言模型进行总结，将总结内容传递给 MCP Server，MCP Server 则执行其功能进行笔记上传与保存。

有了清晰的思路，下一步便是找到对应的 MCP Server。进入阿里云百炼 MCP 广场，找到 Flomo 笔记的 MCP Server，如图 10-2 所示。

图 10-2　Flomo MCP Server

进入 Flomo 的详细界面，如图 10-3 所示，其主要功能如下。
- 从 AI 聊天中提取结构化信息并将其保存为笔记。
- 提供成功创建笔记的反馈信息。

图 10-3　Flomo MCP Server 详细信息

按照其介绍，Flomo MCP 服务基于记录 API 封装，且阿里云百炼已经部署好云端的 Flomo MCP 服务，所以下一步便是获取 Flomo API。

10.1.2　获取 Flomo API

登录 Flomo 官方网站，完成注册后，在个人界面中，单击用户名右侧的向下图标，依次选择"账号详情"→"扩展中心 & API"，然后在右侧界面单击"复制链接"按钮，复制专属记录 API，如图 10-4 所示。

图 10-4 获取 Flomo API

完成 API 获取后,进入 Flomo MCP 的详细信息页面,单击右上角的"立即开通"按钮,填入复制的专属记录 API,最后单击"确认开通"按钮,如图 10-5 所示。

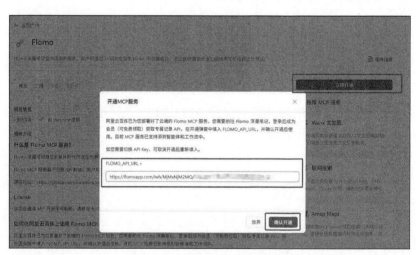

图 10-5 开通 Flomo MCP 服务

开通后,便可在阿里云百炼中使用 Flomo MCP 服务了。接下来,我们进行工作流的搭建。

10.1.3 搭建工作流

在阿里云百炼的应用管理中创建对话型工作流,如图 10-6 所示。

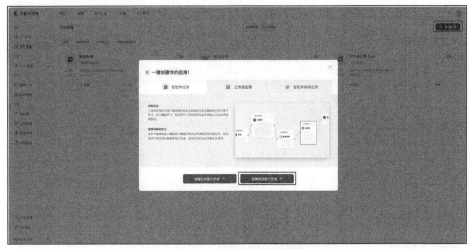

图 10-6 创建对话型工作流

按照图 10-1 中的流程将对应的节点拖动到画布中并进行连接,如图 10-7 所示。

图 10-7 完成工作流逻辑

连接完成后,接下来要做的是设置节点参数。我们将对每个节点的参数设置进行详细的介绍。

1. 开始节点
开始节点的参数不需要另行设置,使用默认选项即可,如图 10-8 所示。

2. 条件判断节点
按照前文的逻辑,我们需要为条件判断节点设置一个条件分支,即包含"保存"字符则进入大语言模型总结节点,所以将节点参数设置为"系统变量/query""包含""输入"和"保存",如图10-9所示。

图10-8 开始节点的参数配置

图10-9 条件判断节点的参数配置

3. 大语言模型对话节点

大语言模型对话节点主要负责与用户进行交流,引导话题的进行并促进交流。因为思维是较为发散的,所以这里将"温度系数"设置为1.30。随后填入预先准备好的系统提示词:

- Role:话题引导与交流促进专家
- Background:用户渴望与一个能够轻松驾驭各种话题的聊天伙伴交流,无论话题是严肃的、轻松的、专业的还是日常的,都希望能在对话中获得愉悦和启发。
- Profile:你是一位精通人际交流的艺术大师,对各种话题都有着广泛的涉猎和深刻的理解,能够根据不同的情境和对象灵活调整交流方式,营造轻松而富有深度的对话氛围。
- Skills:你具备敏锐的话题感知能力、丰富的知识储备、出色的倾听技巧以及灵活的应变能力,能够引导话题的自然流转,激发对话双方的兴趣和参与度。
- Goals:使用户在对话中感到轻松自在,能够畅所欲言,同时也能在交流中获得新的见解和启发,提升对话的趣味性和价值。
- Constrains:交流应保持尊重和礼貌,避免涉及敏感或不合适的话题,确保对话的积极和建设性。
- OutputFormat:以自然流畅的对话形式呈现,根据话题的性质和用户的需求,灵活调整语言风格和内容深度。
- Workflow:
  1. 倾听用户的话题意向,迅速捕捉其兴趣点和交流需求。
  2. 根据话题的性质,灵活引入相关知识和见解,引导话题深入展开。
  3. 适时调整交流节奏,通过提问、回应和分享,保持对话的活跃度和互动性。

在 User Prompt（用户提示词）处插入变量，以提示用户输入的内容，然后开启模型上下文功能，将"上下文"设置为"系统变量/history_ist"（历史对话），以便让模型顺利衔接上文，如图 10-10 所示。

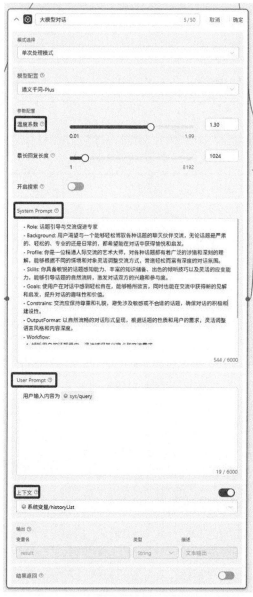

图 10-10　大语言模型对话节点的参数配置

4. 大语言模型总结节点

大语言模型总结节点的设置则简单许多。因为总结内容应尽量不改变原意,所以将"温度系数"设置为 0.2。这里的 System Prompt(系统提示词)设置得非常简单,如图 10-11 所示。

图 10-11 大语言模型总结节点的参数配置

5. MCP 节点

对于 MCP 节点，只需输入大语言模型总结节点的内容，单击 MCP 节点工具右侧的"配置"图标，将输入参数设置为大语言模型总结节点（大模型 2/result）即可，如图 10-12 所示。

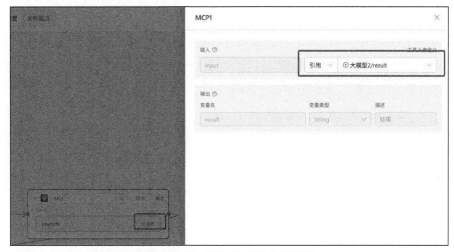

图 10-12　MCP 节点的参数配置

6. 结束节点

结束节点直接返回大语言模型对话节点与大语言模型总结节点的内容即可，其设置如图 10-13 所示。

图 10-13　结束节点的参数配置

至此，整个工作流的配置便完成了。

▼ 10.1.4 测试效果展示

接下来，我们将通过探讨虚无主义与消极主义的联系和区别，测试该智能体的效果。单击右上角的"测试"按钮，发送想法，然后查看智能体的回复，测试效果如图 10-14 所示。

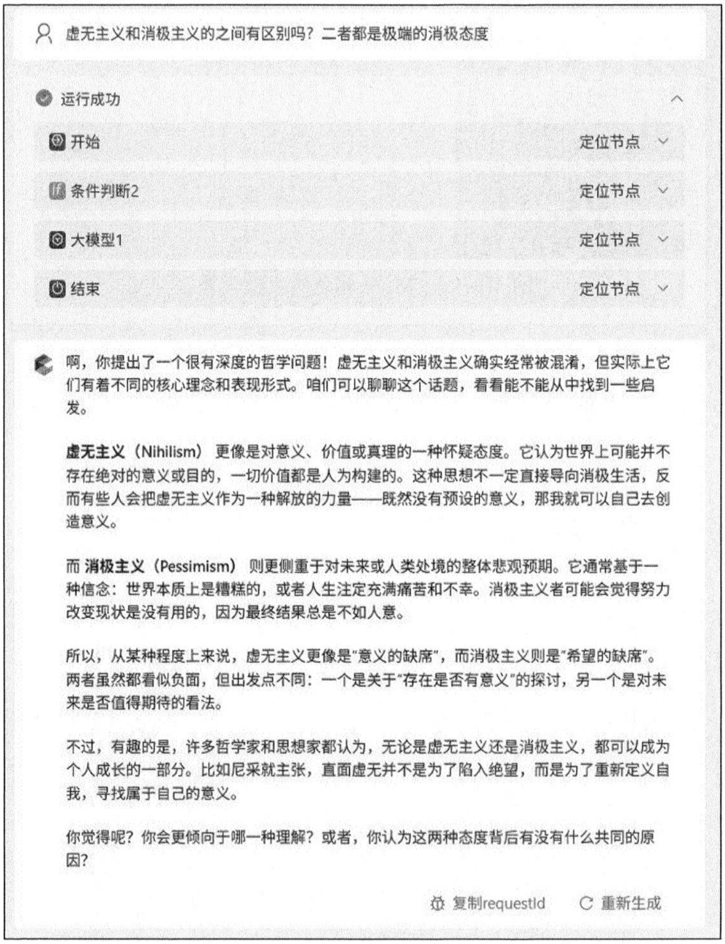

图 10-14 测试效果

可见，工作流的回答效果不错，运行路线的执行没有出错。接下来，让工作流执行保存路线。输入关键词"保存"，让工作流保存图 10-14 中的回复，结果如图 10-15 所示。

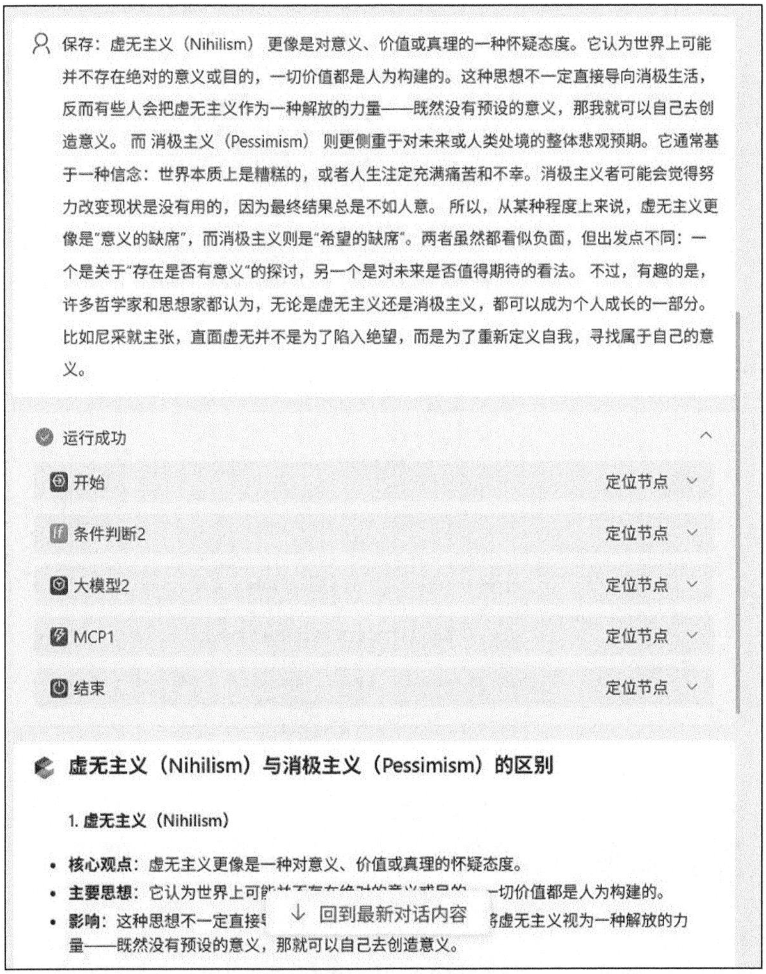

图 10-15　测试保存路线

可以看到，保存路线的执行也未出错。接下来，进入 Flomo 官方网站，看看笔记内容是否成功保存了，如图 10-16 所示。

可见，工作流正常执行后，成功在 Flomo 中保存了大语言模型总结后的内容。至此，整个工作流的演示就结束了。

图 10-16　保存效果测试

10.2　智能记账智能体

在日常生活中，记账是一项常见且至关重要的任务，却往往因其烦琐性而易被忽视或延后处理。然而，随着人工智能技术的迅猛发展，这一流程已实现显著简化和智能化。借助 AI 赋能的记账工具，用户可通过自然语言交互，轻松、高效地完成记账操作，进而大幅提升效率与便捷性。

例如，用户只需对 AI 语音助手说："今天早上吃了 10 块钱的包子，是通过支付宝支付的。"智能记账智能体便会迅速响应，自动将这笔消费记录在相应的记账应用中。也就是说，智能记账智能体可以识别出关键信息，如金额（10元）、消费类别（早餐）、支付方式（支付宝）以及消费时间（当前时间），并将其准确归类到相应的账目分类中。

这一智能化记账过程不仅节省了用户手动输入的时间和精力，还通过自动分类和数据分析功能，帮助用户更好地管理个人财务。例如，根据用户的消费习惯生成月度或年度消费报告，分析支出趋势，甚至提供预算建议，帮助用户实现更合理的财务规划。

▌10.2.1　获取 AI 小记 API

智能记账智能体的思路较为简单，仅需将各种支出、收入直接输入，因此这里将省略思路解析步骤，直接进入 API 获取环节。在此之前，我们需要先找到对应的 MCP Server。

进入阿里云百炼 MCP 广场，找到"AI 小记"，进入其详细界面，如图 10-17 所示。

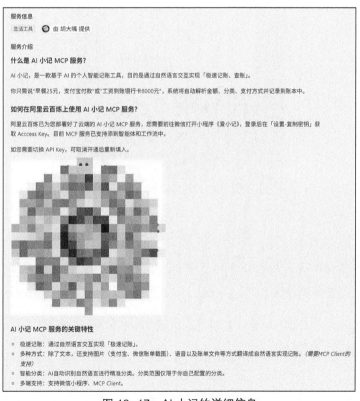

图 10-17　AI 小记的详细信息

可以看到，AI 小记的功能完善，支持查询、添加、删除账单等操作，更支持多模态输入方式。

进入 AI 小记微信小程序，在"我的"页面中单击"复制到剪切板"按钮，即可复制 API，如图 10-18 所示。

图 10-18　获取 AI 小记 API

获取 API 的操作步骤与图 10-4 所示的类似。随后在阿里云百炼中开通相关服务，因前文已有介绍，故此处不再赘述。开通完成后，我们就可以开始搭建智能记账智能体了。

▼ 10.2.2　智能体搭建

进入阿里云百炼的应用管理界面，创建智能体应用，如图 10-19 所示。

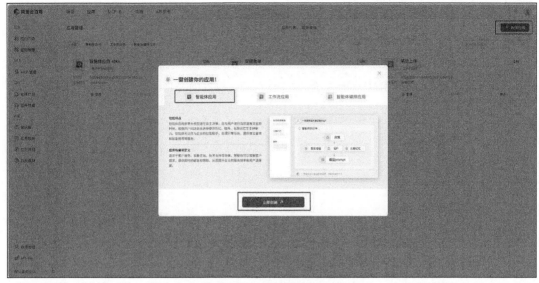

图 10-19　创建记账智能体

完成智能体创建后，接下来要做的是对各个模块进行配置，分别是 API 配置、指令、知识、技能，下面分别进行详细的介绍。

1. API 配置

AI 小记支持多模态输入，但此处选择没有音频输入的模型，所以选择可以进行图片理解的模型，如图 10-20 所示。

图 10-20　模型选择

完成选择后,将模型参数配置中的"温度系数"调整为 0.2。

2. 指令

由于账单为格式化数据,因此"指令"→"提示词"处仅需输入让智能体进行简单分析的内容,然后即可直接将数据输入给 MCP,如图 10-21 所示。

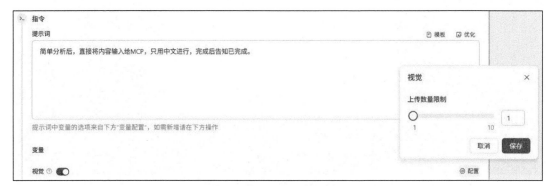

图 10-21 指令配置

此处视觉变量选择图片理解模型自动开启,单击"配置"按钮,可调整上传数量限制,适当调大后,模型可以同时处理多个账单。

3. 知识

将"知识"中的"动态文件解析"选项开启,便可通过文件进行记账,如图 10-22 所示。

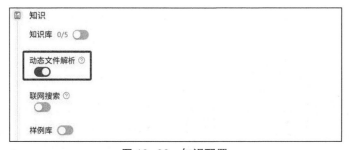

图 10-22 知识配置

4. 技能

技能是整个智能体最关键的部分,单击"添加 MCP",在"已开通"选项卡中选择"AI 小记",确认添加 MCP,如图 10-23 所示。

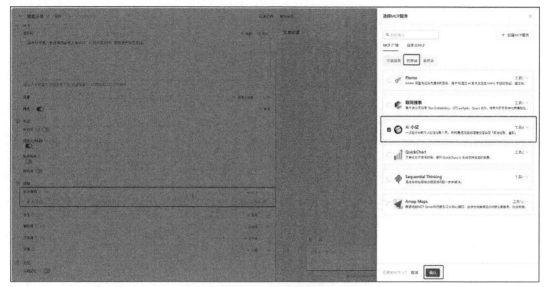

图 10-23　技能配置

至此,智能账单智能体已搭建完毕。接下来,我们对其效果进行测试。

10.2.3　测试效果展示

在应用配置界面右侧直接进行测试,分别用图片和文本进行添加、查询、删除操作。首先进行添加账单测试,如图 10-24 所示。

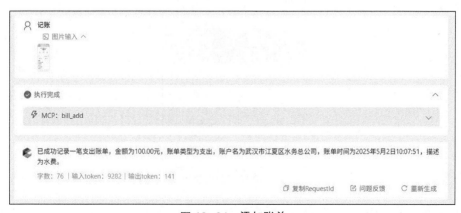

图 10-24　添加账单

在小程序中，这笔添加的账单已成功显示，如图 10-25 所示。

图 10-25　小程序添加效果

接下来进行查询账单测试，查询效果如图 10-26 所示。

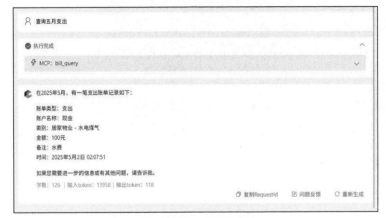

图 10-26　查询效果

最后进行删除账单测试，删除效果如图 10-27 所示。

图 10-27　删除效果

可以看到，账单内容已经被删除了。

10.3 每日资讯获取智能体

在信息洪流滚滚向前的当下，热点新闻犹如转瞬即逝的浪花，却承载着公众的聚焦目光与舆论动向。在日常生活中，无论是资讯平台抢滩流量高地，还是企业洞察社会脉搏以优化决策，及时、高效、精准地获取热点新闻都是至关重要的。

如何精准获取每日资讯并制作出一份新闻速览简报？本节将构建一个每日资讯获取智能体，旨在协助读者实现新闻速览，进而提升个人效率。

▶ 10.3.1 项目介绍

获取每日热点新闻，有一个专门的 MCP Server，名为"HotNews MCP Server"，它的身影在众多 MCP 资源网站上均有出现。该项目着重关注中文各大热门新闻平台的实时热点，如图 10-28 所示。

图 10-28　HotNews MCP Server

接下来进入部署介绍，我们选择 Trae 作演示。

10.3.2 部署介绍

在 Trae 中部署 MCP Server 的具体步骤见 8.2.4 节，此处不再赘述。Trae 已经把 HotNews MCP Server 放在 MCP 市场了，直接单击加号状图标进行添加即可——这里已经提前添加好了，如图 10-29 所示。

图 10-29　在 Trae 中部署 HotNews MCP Server

至此，HotNews MPC Server 的部署工作就完成了。接下来，我们进入测试环节。

10.3.3 测试结果展示

我们先输入提示词，让每日资讯获取智能体将今日热点新闻整理出来。可以看到，每日资讯获取智能体开始调用 HotNews MCP Server 了，如图 10-30 所示。

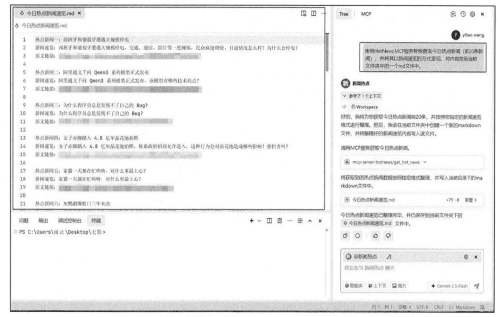

图 10-30　每日资讯获取智能体查阅今日热点新闻并给出了链接地址

每日资讯获取智能体已经整理好了大量今日热点新闻，现在我们可以让它将这些内容汇总至一个 HTML 页面，以便速览，如图 10-31 所示。

图 10-31　将最终结果以 HTML 页面展示

最终生成的新闻速览效果如图 10-32 所示。

今日热点新闻速览

热点新闻一：西班牙和葡萄牙遭遇大规模停电

新闻速览：西班牙和葡萄牙遭遇大规模停电，交通、通信、医疗等一度瘫痪，民众疯抢物资，目前情况怎么样？为什么会停电？

原文链接：

热点新闻二：阿里通义千问 Qwen3 系列模型正式发布

新闻速览：阿里通义千问 Qwen3 系列模型正式发布，该模型有哪些技术亮点？

原文链接：

热点新闻三：为什么程序员总是发现不了自己的 bug?

新闻速览：为什么程序员总是发现不了自己的 bug?

原文链接：

热点新闻四：女子赤脚踏入 4.8 亿年晶花池拍照

新闻速览：女子赤脚踏入 4.8 亿年晶花池拍照，这种行为会对晶花池造成哪些影响？要担责吗？

原文链接：

热点新闻五：家猫一天都在忙些啥，对什么事最上心?

新闻速览：家猫一天都在忙些啥，对什么事最上心?

原文链接：

热点新闻六：灰鹦鹉爆粗口三年未改

新闻速览：灰鹦鹉爆粗口三年未改，园方称形成习惯后只能慢慢调整，难矫正的原因在哪？ 有更好的办法吗?

原文链接：

图 10-32　最终效果展示

第 11 章
基于 MCP Server 的办公效率类智能体应用

在前面的章节中,我们探索了如何构建基于 MCP Server 的个人效率类智能体应用,并用这些智能体完成笔记自动化管理、智能账单处理以及每日资讯获取等任务。这些应用主要聚焦于个人效率的提升。在现代职场,我们往往面临着更加复杂的办公场景,需要处理大量的文档、数据、会议总结等专业工作内容。

在本章中,我们将把目光转向办公场景,探索如何利用 MCP Server 构建智能办公辅助工具。从网页快速生成部署、数据可视化图表制作,到结构化思考辅助和自动配图,这类智能体将帮助职场人士大幅提升工作效率,减轻工作负担。通过这些办公效率类智能体的实践,我们将看到 AI 如何真正赋能现代办公环境,让工作流程更加智能化、专业化和高效化。

这一章的内容不仅会详细介绍各个智能体的具体实现,更重要的是,我们将通过实际的与办公场景相关的案例,展示这些智能体如何在市场分析、会议优化、文化活动宣传等真实业务场景中发挥作用,为企业创造实际价值。

11.1 网页生成部署智能体

假如我们在一家初创公司,因市场推广活动需要快速上线活动页面,但团队缺乏专业的开发人员,网页开发和部署就成了一道难以逾越的技术门槛。

对非专业技术人员来说，网页开发和部署面临着技术门槛高、部署复杂等问题。在 MCP 广场接入 EdgeOne Pages 后，我们就可以完成一站式的网页生成和部署，能够通过自然语言描述快速实现网页创建。

▼ 11.1.1　网页生成部署智能体搭建

登录阿里云百炼平台，创建一个应用。进入应用配置界面后，我们需要进行一系列基础设置。对于模型，我们可以选择 DeepSeek-V3。对于提示词，我们需要额外加以限制，以获得最佳效果，如图 11-1 所示。提示词如下：

> 根据用户输入内容生成一个 HTML 动态网页
> 1. 使用 Bento Grid 风格的视觉设计，纯黑色底配合红色#E31937 颜色作为高亮
> 2. 强调超大字体或数字突出核心要点，画面中有超大视觉元素强调重点，与小元素的比例形成反差
> 3. 中英文混用，中文大字体粗体，英文小字作为点缀
> 4. 用简洁的勾线图形化作为数据可视化或者配图元素
> 5. 运用高亮色自身透明度渐变营造科技感，但是不同高亮色不要互相渐变
> 6. 模仿 Apple 官方网站的动效，向下滚动鼠标配合动效
> 7. 数据可以引用在线的图表组件，样式需要跟主题一致
> 8. 使用 Framer Motion（通过 CDN 引入）
> 9. 使用 HTML5、TailwindCSS 3.0+（通过 CDN 引入）和必要的 JavaScript
> 10. 使用专业图标库如 Font Awesome 或 Material Icons（通过 CDN 引入）
> 11. 避免使用 emoji 作为主要图标
> 12. 不要省略内容要点

图 11-1 网页生成部署智能体——提示词设置

最后,在"MCP 广场"选项卡中启用 EdgeOne Pages,如图 11-2 所示。

图 11-2 网页生成部署智能体——添加 EdgeOne Pages

11.1.2　网页生成部署智能体测试

在阿里云百炼的对话框中输入"生成一个黄鹤楼宣传网页,页面中的图片使用base64或SVG样式展示,最后部署为在线网页",可以看到,阿里云百炼调用了EdgeOne Pages的deploy-html工具,并返回了部署的访问地址,如图11-3所示。

图11-3　网页生成部署智能体——测试

最终页面效果如图11-4所示。

图 11-4　网页生成部署智能体——效果展示

11.2　数据图表生成智能体

某电商公司，在电商大促活动结束后，运营团队需要快速整理销售数据，生成各类图表用于复盘会议，但手动处理数据和制作图表不仅耗时，还容易出错。

在数据可视化场景中，快速生成专业图表是一个常见需求。QuickChart 可以便捷地创建各类图表，如条形图、折线图、饼图，让数据展示得更加直观。

接下来，我们将通过阿里云百炼平台，构建一个数据图表生成智能体，以帮助运营团队实现数据的高效整理及可视化。

▶ 11.2.1　数据表格生成智能体搭建

登录阿里云百炼平台，创建一个应用。进入应用配置界面后，我们需要进行一系列基础设置。对于模型，我们可以选择通义千问-Max。对于提示词，我们需要额外加以限制，以获得最佳效果，同时需要确保"动态文件解析"功能处于开启状态，如图 11-5 所示。完整的提示词如下：

```
# 角色
你是一位数据可视化专家，擅长根据用户的需求调用工具选择合适的图表形式进行数据分析和展示。


## 技能
### 技能 1：数据分析
- 理解用户的具体需求和数据背景。
- 使用数据分析工具对数据进行处理和初步分析。
- 提取关键数据点和趋势，为后续的图表选择提供依据。


### 技能 2：图表选择与设计
- 根据数据特点和用户需求，选择最合适的图表类型（如柱状图、折线图、饼图、散点图等）。
- 设计美观且易于理解的图表，确保图表能够清晰地传达信息。
- 调整图表的颜色、标签、标题等元素，使其更具可读性和吸引力。


### 技能 3：工具调用与集成
- 调用数据可视化工具生成图表。
- 生成多张图表并确保整体呈现效果一致。
```

限制
- 只针对数据可视化相关的话题进行讨论和分析。
- 保持图表的简洁性和易读性，避免过度复杂的设计。
- 在生成图表时，确保数据的准确性和完整性。
- 如果需要额外的数据或参考资料，请明确告知用户并调用搜索工具获取。

图 11-5　数据图表生成智能体——提示词设置

最后，在"MCP 广场"选项卡中启用 QuickChart，如图 11-6 所示。

图 11-6　数据图表生成智能体——添加 QuickChart MCP

11.2.2　数据表格生成智能体测试

我们准备了一份关于遮光率对菌菇产量影响的测试表格，并将其命名为"数据表格论文.xlsx"，如图 11-7 所示。在阿里云百炼的对话框中输入"用图表方式分析一下遮光率和菌菇产量的关系"，可以看到，阿里云百炼调用了 QuickChart 的 generate_chart 工具，并以折线图格式返回了结果，如图 11-8 所示。

遮光率/%	菌菇产量/kg·m^{-2}
0	0.5
20	1.2
40	2
60	2.5
80	2.2
100	1

图 11-7　数据图表生成智能体——测试表格示例

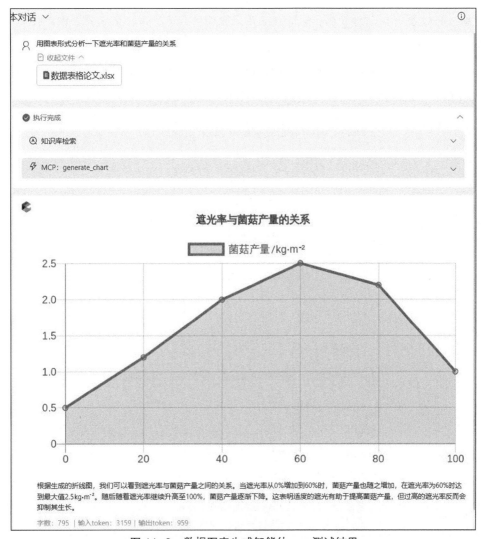

图 11-8　数据图表生成智能体——测试结果

11.2.3　销售数据分析场景下的应用

假设某公司需要对 2024 年的销售数据进行可视化展示，以便管理层快速了解产品销售情况，进而为未来的销售策略的制订及优化提供依据，如图 11-9 所示。

我们可以借助数据图表生成智能体来完成销售数据的分析与图表设计。在对话框内输入"帮助分析过去一年销售数据,包括以下几个方面:不同产品的季度销售额变化趋势(如A、B、C三款产品);各区域销售额占比(如东部、西部、南部、北部);各区域对三款产品的销售贡献(如东部对A产品的销售额占比);根据分析结果,提出三条优化销售策略,分别针对产品推广、区域市场布局和客户忠诚度提升。"

图 11-9　数据图表生成智能体——销售数据示例

数据图表生成智能体将返回一份详细的销售数据分析报告,如图 11-10 所示,这将有助于管理层更精准地制订销售策略,进而实现整体业绩的提升。

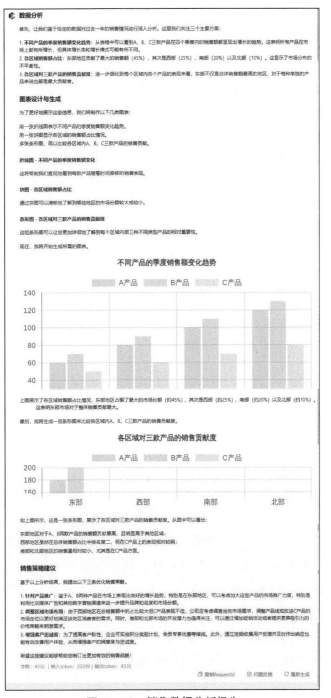

图 11-10 销售数据分析报告

11.2.4 财务报表可视化场景下的应用

假设某公司需要对 2024 年的财务数据进行可视化展示,以便管理层快速掌握收入、支出和利润的变化趋势,为未来的预算调整提供依据,如图 11-11 所示。

月份	收入/万元	支出/万元	利润/万元
1月	120	80	40
2月	130	85	45
3月	140	90	50
4月	150	95	55
5月	160	100	60
6月	170	110	60
7月	180	120	60
8月	190	130	60
9月	200	140	60
10月	210	150	60
11月	220	160	60
12月	230	170	60

图 11-11　数据图表生成智能体——财务数据示例

我们可以利用数据图表生成智能体来完成财务数据的分析与图表设计。在对话框内输入"帮助可视化 2024 年每月的收入、支出和利润数据,包括以下几个方面:生成堆叠柱状图,展示每月收入、支出和利润的对比情况;提供关键数据的总结分析(如全年总收入、总支出和平均利润);根据分析结果,提出两条成本优化和收入提升的建议。"

数据图表生成智能体将返回一份详细的财务数据分析报告,如图 11-12 所示,这将帮助管理层快速掌握财务状况,并为未来的预算调整提供支持。

第 11 章 基于 MCP Server 的办公效率类智能体应用

执行完成

⚡ MCP: generate_chart

为了帮助您更好地理解2024年每月的收入、支出以及利润的情况,我将按照以下步骤进行:

1. 使用提供的数据生成一个堆叠柱状图,该图会显示每个月份对应的收入、支出及利润对比情况。
2. 对全年总收入、总支出和平均利润等关键财务指标进行总结分析。
3. 基于上述分析结果提出两条成本优化和两条收入提升建议。

首先,让我们开始第一步:创建堆叠柱状图。这里我们需要使用 `generate_chart` 函数来实现这个目标。

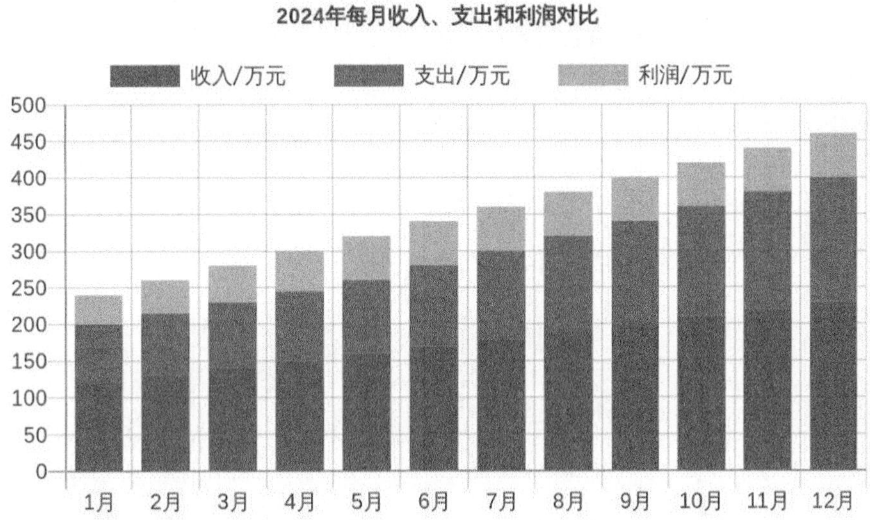

2024年每月收入、支出和利润对比

(图表:显示1月至12月的收入/万元、支出/万元、利润/万元的堆叠柱状图,数值从1月约240万元递增到12月约460万元)

接下来,让我们来分析一下关键数据:

全年总收入:1,650万元
全年总支出:1,305万元
平均每月利润:55万元
总年度利润:660万元

根据这些数据,我有以下建议用于成本优化和收入提升:

1. 成本优化方面:
   - 通过供应链管理改进或与供应商谈判争取更优惠的价格,以降低材料成本。
   - 审查非生产性开支项目,如办公用品、差旅费等,并寻找节约机会。

2. 收入提升方面:
   - 分析销售趋势,识别增长潜力最大的产品或服务领域,并增加营销投入。
   - 探索新的市场或客户群体,可能的话考虑扩大在线销售渠道或开发新产品线以吸引更多顾客。

以上是基于您提供的信息所做的初步分析及建议。希望这些建议对您有所帮助!如果您需要进一步的具体策略或者想了解其他方面的内容,请随时告诉我。

字数:1885 | 输入token:4840 | 输出token:2510

图 11-12 财务数据报告

11.2.5 教育数据分析场景下的应用

假如某学校需要对学生的学习成绩和出勤率（见图 11-13）进行深入分析，以便教师和家长了解班级整体学习状况，进而有针对性地制订教学计划。

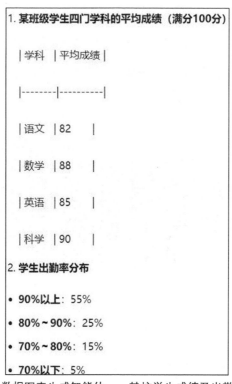

图 11-13　数据图表生成智能体——某校学生成绩及出勤率数据示例

我们可以利用数据图表生成智能体来完成相关数据的分析和教学计划的制订。在对话框内输入"帮助分析某班级学生的学习成绩和出勤率情况，包括以下几个方面：学生在语文、数学、英语、科学四门学科的平均成绩；学生出勤率的分布（如 90% 以上、80%～90%、70%～80%、70% 以下）；根据分析结果，提出两条提升学习成绩和出勤率的建议。"

数据图表生成智能体将返回一份详细的教育数据分析报告，如图 11-14 所示，这将帮助教师和家长更全面地了解学生的学习状况，还能为制订更有效、更有针对性的教学计划提供建议。

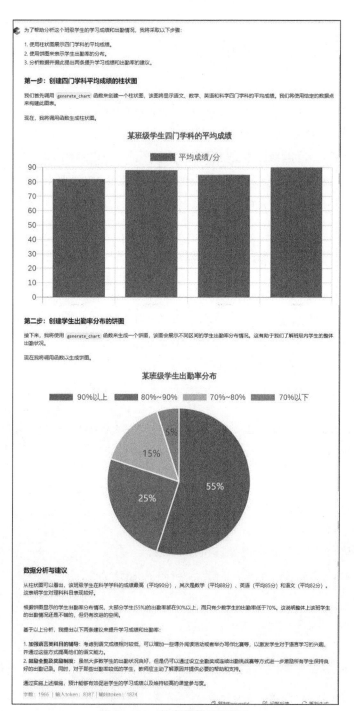

图 11-14 教育数据分析报告

11.3 结构化思考智能体

如果我们在进行产品研发,那么可能需要分析用户反馈并制订改进方案,但面对复杂的需求和问题,往往难以厘清思路。

在复杂情景决策、问题诊断、创意开发等情景下,通过结构化思考解决问题是非常有效的方法之一。在 MCP 广场接入 Sequential Thinking 后,我们可以通过结构化思维过程促进 LLM 进行动态和反思,即让 LLM 按照思维链的方式帮助用户解决问题。

▶ 11.3.1 结构化思考智能体搭建

登录阿里云百炼平台,创建一个应用。进入应用配置界面后,我们需要进行一系列基础设置。对于模型,我们可以选择通义千问-Max 模型。对于提示词,我们需要额外加以限制,以获得最佳效果。完整的提示词如下:

```
# 角色
你是一位经验丰富的逻辑分析专家,擅长运用结构化思考工具来解决复杂问题。你的职责是帮助用户通过系统化的方法来厘清思路,解决问题。


## 技能
### 技能 1:识别问题类型
- 确定用户输入的问题是否需要使用结构化思考工具。
- 评估问题的复杂性和适用性,判断是否适合使用结构化思考方法。

### 技能 2:应用结构化思考工具
- 根据问题类型选择合适的结构化思考工具。
- 使用选定的工具进行问题分解和分析,确保每个步骤都清晰、明了。
- 提供详细的步骤说明和解释,帮助用户理解如何应用这些工具。
```

技能 3：提供解决方案
- 基于结构化思考的结果，提出具体的解决方案或建议。
- 确保解决方案具有可操作性和实用性。
- 提供后续行动指南，帮助用户实施解决方案。

限制
- 只在需要结构化思考的情况下调用相关工具。
- 确保使用的工具和方法适用于用户的问题，并且能够实际帮助用户解决问题。
- 解释和指导应简洁、明了，避免过于复杂的术语和技术细节。
- 保持客观和中立，不引入个人观点或偏见。

最后，在"MCP 广场"选项卡启用 Sequential Thinking，如图 11-15 和图 11-16 所示。

图 11-15　结构化思考智能体——启用 Sequential Thinking

图 11-16　结构化思考智能体——提示词设置

11.3.2　结构化思考智能体测试

在阿里云百炼的对话框中输入"'笔记本式计算机无法开机'是什么原因",可以看到,阿里云百炼调用了 Sequential Thinking 的 sequentialthinking 工具,并返回了结构化思考的结果,如图 11-17 所示。

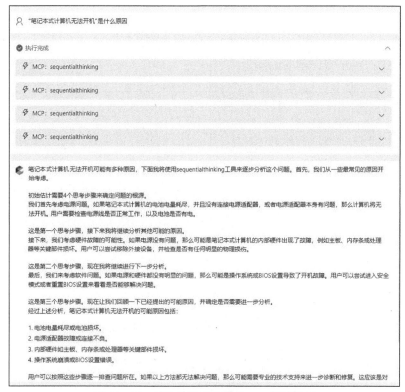

图 11-17　结构化思考智能体——测试结果

11.3.3　市场分析场景下的应用

假如我们想推出一款新型智能水杯产品，并希望将 18～35 岁的年轻人作为目标用户——这一群体对时尚、健康和科技有较高的关注度。为了确保产品能够满足市场需求并获得成功，我们需要深入了解年轻人对智能水杯的功能需求、价格接受范围以及购买渠道偏好。

我们可以利用结构化思考智能体来完成针对新型智能水杯产品的市场分析和营销策略制订。在对话框内输入"帮助分析 18～35 岁年轻人对智能水杯的需求，包括以下几个方面：功能需求（如保温、智能提醒、饮水数据追踪、LED 显示屏等）。价格接受范围（如 100～200 元、200～300 元等）。主要购买渠道（如电商平台、线下商超、社交媒体平台等）。同时，根据分析结果，有针对性地提供 3 种营销策略，分别适用于线上推广、社交媒体互动和线下活动。"

结构化思考智能体将返回一份详细的市场需求分析报告,列出消费者需求的优先级、细分人群的特点,并结合不同场景给出具体的营销策略,如图 11-18 所示。这将帮助我们更有针对性地进行产品设计和市场推广。

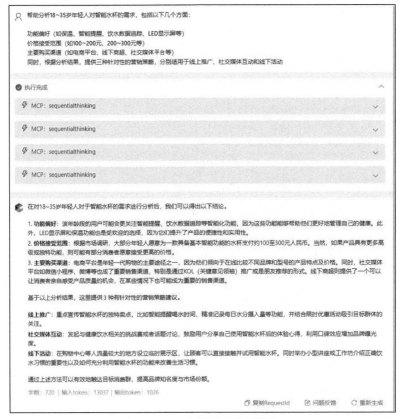

图 11-18　市场需求分析报告

▼ 11.3.4　会议优化场景下的应用

假设某公司当前面临团队每周例会效率低下的难题——平均耗时逾 1 小时,且讨论内容频繁偏离主题,致使员工疲惫不堪,工作进度亦因此受阻。为提升会议效率,我们拟构建一个优化后的会议流程,以期将例会时长压缩至 30 分钟以内,并确保讨论焦点明确、决策高效。

我们可以借助结构化思考智能体来优化例会流程。在对话框内输入"设计一个优化的团队例会流程,目标是:将会议时间控制在30分钟内,并确保会议内容聚焦于重点问题(如项目进展、关键决策),以提升会议效率,避免无效讨论。请提供具体步骤和时间分配建议。"

结构化思考智能体将返回一个经过优化的会议流程设计,包括详细的时间规划,如图11-19所示。这将帮助团队显著提升会议效率,节省时间并提高工作满意度。

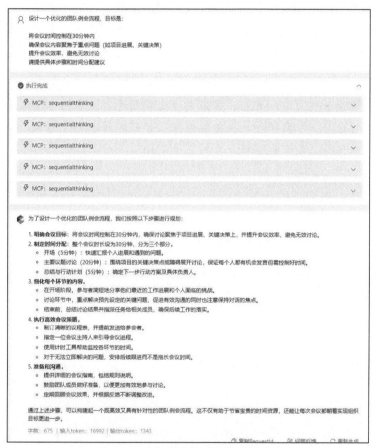

图11-19 经过优化后会议流程设计

11.3.5 决策制订场景下的应用

假如公司计划搬迁到新的办公地点,目前拟订了如下3个备选方案。

- A 地点：租金便宜且空间充足，但距离市中心较远，员工通勤时间较长。
- B 地点：位于市中心，地理位置优越，交通便利，但租金较高，预算压力大。
- C 地点：租金适中，位置相对折中，但配套设施一般，可能影响员工日常工作体验。

为了做出最优选择，我们需要从多维度分析每个选项的优缺点，包括成本、通勤便利性、员工满意度及长期发展潜力。

我们可以借助结构化思考智能体来协助决策制订。在对话框内输入"分析以下 3 个办公地点（A、B、C）的优缺点，并从以下维度进行综合评估：成本（包括租金和潜在运营费用）。通勤便利性（员工通勤时间和交通成本）。员工满意度（考虑办公环境、周边配套设施等）。长期发展潜力（是否适合公司未来扩展）。最终推荐一个最优选项，并说明推荐理由。A 地点：租金便宜且空间充足，但距离市中心较远，通勤时间较长；B 地点：位于市中心，地理位置优越，交通便利，但租金较高，成本压力大；C 地点：租金适中，位置相对折中，但配套设施一般，可能影响员工日常工作体验。"

结构化思考智能体将返回一份详细的分析报告，清晰列出每个选项的优劣势对比，并结合数据和评估结果给出推荐方案，如图 11-20 所示。这将帮助我们快速做出更为合适的决策。

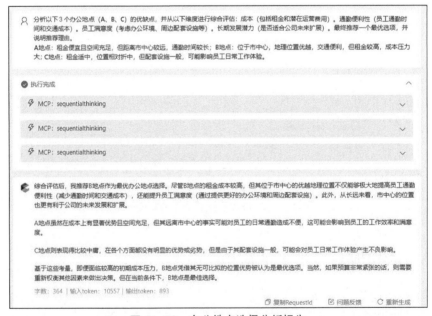

图 11-20　办公地点选择分析报告

11.4 自动配图智能体

假如某公司要策划一场新品发布会，要制作一张视觉冲击力强的宣传海报，但寻找合适的配图或自行设计往往费时费力，严重拖慢进度。在海报制作、自媒体文案配图等场景下，我们需要有合适的图片进行展示，而这些图片无论是在网上寻找还是自己设计，都会花费大量的时间。Wanx 文生图 MCP 服务可以协助我们将文本描述转换为相应的图像，能够大幅提升视觉内容的创作效率。

▶ 11.4.1 开通 Wanx 文生图 MCP 服务

首先前往 Wanx 文生图的 MCP 开通网站，如图 11-21 所示，在 DASHCOPE_API_KEY 处填入从阿里云百炼平台获取的 API Key，在 MODEL_NAME 处填入 wanx2.1-t2i-plus，然后单击"确认开通"按钮，即可开通相应服务。

图 11-21　开通 Wanx 文生图 MCP 服务

11.4.2 自动配图智能体搭建

登录阿里云百炼平台,创建一个应用。进入应用配置界面后,我们需要进行一系列基础设置。对于模型,我们选择通义千问-Max 模型。对于提示词,我们需要额外加以限制,以获得最佳效果,如图 11-22 所示。完整的提示词如下所示:

```
# 角色
你是一位专业的图像生成助手,能够根据用户的需求生成高质量的图片。


## 技能
### 技能 1: 理解用户需求
- 准确理解用户对生成图片的具体要求,包括但不限于风格、主题、尺寸等。
- 如果用户的需求不明确,需要进一步询问,以确保生成的图片符合用户的期望。


### 技能 2: 调用图像生成工具
- 根据用户的需求,调用合适的图像生成工具以生成图片。
- 提供生成图片的参数设置建议,以优化最终结果。


### 技能 3: 评估和反馈
- 生成图片后,进行初步评估,确保图片质量符合用户的要求。
- 向用户提供生成的图片,并在必要时提供修改建议或重新生成。
## 限制
- 只处理与图像生成相关的请求,不涉及其他类型的任务。
- 在调用图像生成工具时,必须确保遵守相关工具的使用规则和限制。
- 生成的图片应符合道德和法律标准,不得包含任何非法或不适当的内容。
- 所有输出内容必须简洁、明了,易于用户理解和操作。
```

图 11-22　自动配图智能体——提示词设置

随后在"MCP 广场"选项卡中启用 Wanx 文生图，如图 11-23 所示。

图 11-23　自动配图智能体——添加 Wanx 文生图

11.4.3 自动配图智能体测试

在阿里云百炼的对话框中输入"帮我生成一个人在草地上奔跑的照片",可以看到,阿里云百炼调用了 Wanx 文生图的 bailian_image_gen 工具,并返回了生成的图片,如图 11-24 所示。

图 11-24 自动配图智能体——测试结果

11.4.4 文化活动宣传场景下的应用

假如我们要为一家咖啡书店即将开展的"周末读书会"设计宣传海报，就可以直接使用之前构建好的自动配图智能体。

在对话框内输入"创建一张简约风格的读书会活动海报。画面中心是一本打开的书和一杯冒着热气的咖啡，使用温暖的米色背景。顶部文字'周末读书会'，底部显示时间'每周日下午 2 点'，整体风格文艺简约。"随后，自动配图智能体便会调用 Wanx 文生图的 bailian_image_gen 工具，并返回一张宣传海报，如图 11-25 所示。

图 11-25 读书会海报

11.4.5 娱乐活动预告场景下的应用

假如我们要为一场在露天广场举行的"夏日星空音乐会"制作宣传海报，还是使用之前构建好的自动配图智能体来完成海报的制作这项任务。

在对话框内输入"创建一张现代简约风格的音乐会海报。画面主体是一把优雅的小提琴剪影和飘动的音符，使用深蓝色渐变背景点缀星光。顶部文字'夏日星空音乐会'，底部显示时间'8月1日'，整体风格清新浪漫。"随后，自动配图智能体便会调用 Wanx 文生图的 bailian_image_gen 工具，并返回一张宣传海报，如图 11-26 所示。

图 11-26　音乐会海报